高效钒酸盐发光材料的开发研究

董玉娟　著

本书数字资源

北　京

冶　金　工　业　出　版　社

2024

内 容 提 要

本书介绍了以稀土离子（Eu^{3+}、Dy^{3+}、Ho^{3+}、Yb^{3+} 等）、过渡金属离子（Cr^{3+}、Ni^{2+}、Mn^{4+}/Mn^{2+}、Fe^{3+}、Cu^{2+} 等）为激活剂的发光材料的发光原理，并详细介绍了几种钒酸盐材料（$CsVO_3$、$Zn_2V_2O_7$、$Zn_3V_2O_8$ 等）通过同主族元素替代的方式来改变发光基团（VO_4）的结构对称性调控材料的光学性能的方法。

本书可供对钒酸盐发光材料的发光原理及性能改进方面感兴趣的科研工作者及在 LED、显示器、农业、医学检测等方面的从业人员参考使用。

图书在版编目（CIP）数据

高效钒酸盐发光材料的开发研究／董玉娟著．

北京：冶金工业出版社，2024.8. -- ISBN 978-7-5024-9931-0

Ⅰ．TB34

中国国家版本馆 CIP 数据核字第 2024PF5392 号

高效钒酸盐发光材料的开发研究

出版发行	冶金工业出版社	电　　话	（010）64027926
地　　址	北京市东城区嵩祝院北巷 39 号	邮　　编	100009
网　　址	www.mip1953.com	电子信箱	service@ mip1953.com

责任编辑　于昕蕾　美术编辑　吕欣童　版式设计　郑小利
责任校对　梅雨晴　责任印制　禹　蕊
三河市双峰印刷装订有限公司印刷
2024 年 8 月第 1 版，2024 年 8 月第 1 次印刷
710mm×1000mm　1/16；7.75 印张；150 千字；115 页
定价 **66.00 元**

投稿电话　（010）64027932　投稿信箱　tougao@cnmip.com.cn
营销中心电话　（010）64044283
冶金工业出版社天猫旗舰店　yjgycbs.tmall.com
（本书如有印装质量问题，本社营销中心负责退换）

前　言

　　白光发光二极管（white light emitting diodes，WLED），由于其绿色环保、节能、电光转换率高等显著优势已成为市场上主流的荧光转化型白光 LED（简称 pc-LED），并被广泛应用到 LED 照明、LED 显示屏以及 LED 背光源等领域。

　　为提高固体照明器件的使用寿命、发光效率等，材料的基质结构（四面体、八面体、十二面体等）、激活剂的选择（稀土离子、过渡金属离子、自身发光基团等）以及发光材料与激活剂之间的相互作用为需要研究者深入考虑且亟待突破的问题。针对发光材料的瓶颈问题，目前研究方向主要分为：（1）通过阳离子非等价取代和引入晶格空位等构建基质材料缺陷的数量及深度；（2）通过基质阳离子取代和离子基团的替换调控基质结构，改善激活剂离子周围的晶体场环境；（3）选择高德拜温度（Θ_D）刚性强的晶体结构材料（石榴石结构、$\beta\text{-}K_2SO_4$ 型和 UCr_4C_4 型）；（4）利用基质到激活剂的能量传递以及激活剂离子之间的能量转移来提高材料的发光效率。

　　作为固态光源，钒酸盐材料（$CsVO_3$、$Zn_2V_2O_7$、$Ca_5Mg_4(VO_4)_6$ 等）依靠自身发光基团 VO_4 的电荷跃迁来实现材料的发光，并具有较强的宽带发射强度。但 VO_4 发光中心的对称性很大程度上决定了材料的发光性能，因此，利用同主族离子（Ta、Nb 等）的掺杂，利用基质内 Ta^{5+} 与 V^{5+} 半径的差异产生的晶格畸变调控 VO_4 发光中心的畸变，使 V—V 的键长缩短，增强 V^{5+} 离子之间的强相互作用来改善材料的发光性能。针对钒酸盐材料发光性能方面的尝试已取得了很大的进展，但材料的发光性能以及材料在高温环境下的稳定性还需要进一步的探索，须进一步构建多种类型高刚性的基质结构以及刚性基质与发光基团的相互作用达到进一步优化钒酸盐材料的发光性能以及高温稳定性。

　　作者基于上述背景编写了此书，本书介绍了如何利用同主族离子替代的方式，改变基质结构发光基团的对称性来调控钒酸盐发光材料的发光效率以及材料在高温处的稳定性。

　　由于作者水平所限，本书在编写过程中，难免有不妥之处，敬请读者指正。

董玉娟

2024 年 6 月

目　　录

1 绪 论

<<<<<<<<<<<<<<<<<<<<<<<<<<<<<<<<<<<<<<<<<<<<<<<<<<<<<<<<<<<<<<<<

1.1 白光 LED 概述

1.1.1 白光 LED 的研究背景

如今如何有效节约资源已成为当务之急。随着材料科学的发展进步，照明、显示设备需求的扩大，寻求一种高效节能的照明光源得到人们的高度重视。LED 光源最早诞生于 20 世纪 60 年代初，最早的 LED 光源采用 GaAsP 材料，原理是通过发光二极管产生红光。到 20 世纪 90 年代初，LED 灯具的材料先后经历 GaAsP、GaAlAs、InGaAlP 等多种，相比较过去提高发光效率超 10^3。而从其发光颜色种类来看，几十年的行业发展未能给 LED 灯具领域带来新的产品，发光颜色被限制在红色与黄绿色之中，且应用领域未能突破数码与彩色显像领域的范畴。21 世纪初，日本企业先后研发出基于氮化物（离子式：N^{3-}）的蓝光半导体发光材料，进而得到基于蓝光氮化镓（化学式：GaN）芯片与 $Y_3Al_5O_{12}$：Ce^{3+} 结合的白光 LED 灯具。自此，白光 LED 技术进入发展的关键期。表 1-1 为现阶段白光 LED 灯与传统灯具性能对比。

表 1-1 现阶段白光 LED 灯与传统灯具性能对比

指　　标	白炽灯	气体放电灯	LED 灯
能量转换效率/%	<10	20~30	20~40
发光效率/lm·m^{-1}	8~24	60~150	70~160
寿命/h	1000	10000~20000	50000~100000
性能特点	显色性好	显色性差	显色性好
	发光效率低	发光效率高	发光效率高
	频闪严重	频闪严重	无频闪

续表1-1

指 标	白炽灯	气体放电灯	LED灯
性能特点	—	含汞污染	环保无污染
	易碎不坚固	易碎不坚固	牢固耐冲击
	启动快	启动慢	启动极快

1.1.2 白光 LED 的基本原理及结构

白光 LED 灯具的 LED 芯片为半导体发光材料，可通过电能转化的方式生产出光能，整体为固体器件。外界向发光二极管的 P-N 结等结构施加正电压时，器件可发出红外近场、可见光、紫外近场等多种光。狭义的发光二极管主要针对的是可发射可见光的二极管，发射波长为 380~760 nm。

发光二极管的半导体芯片可在电压的作用下产生光，包括附着在引线架的一块芯片以及密封在四周的环氧树脂（分子式：$(C_{11}H_{12}O_3)_n$）。这些树脂主要起保护作用，提高 LED 灯的稳定性，同时可避免内部芯线受到外部环境的损害。整个结构中，半导体芯片是核心，包括 N 型与 P 型两部分，直径处于 $200 \sim 350$ μm 的范围内。线架材料一般为铝制或铜制，半导体芯片位于其上，两端接电源两极，经环氧树脂材料封装后形成整体。而二极管的核心是 P-N 结，这种结构可实现正向导电与反向阻碍的作用。在某些特定的外界条件作用下，P-N 结可发光。向半导体芯片施加一个正向外电场，电子从 N 区向 P 区注入，空穴则按相反的方向移动。两者复合时，通过向外产生光子输出光能，完成能量的转换过程。不同半导体材料可发射出不同颜色的光，而发射光强则与外电场的电压直接相关。

1.1.3 白光 LED 的实现方式

目前实现白光 LED 的途径主要有以下几种：

（1）当光的三原色按 $1:1:1$ 的比例相互混合时可产生白光，这种方法被称为白光 LED 多色组合法，具体原理见图 1-1。这种方法的好处在于可人为控制灯具的色温，能量转化效率高，发光强度大，但也暴露出注入光输出效率受温度影响大、白光存在色差等潜在缺点，制约了这种实现白光 LED 方法的更大范围应用。

（2）当 LED 芯片本身可发光时，可将荧光粉激发从而实现发光。芯片激发荧光粉后未被吸收的光与荧光粉的光可相互混合出现白光。人们为这种方法起了一个形象具体的名字——荧光粉涂敷光转变法，其结构如图 1-1 所示 。其具有制备简单、光转换效率高及温度稳定性高等特点，并可以通过调控荧光粉发光和 LED 芯片发光的强度比，获得不同色温的白光，进一步满足各个领域的照明需求，使其得以成功实现商业化。

（3）当紫外光 LED 芯片向含有红、绿、蓝三原色的复合荧光粉照射时，不同颜色混合在一起可出现白光，原理见图 1-1。这种方法可大幅提升白光的显色能力，但制作出一款复合的红色荧光粉难度巨大。推广这种产生白光方法的核心在于开发出一种高效合成制作红色荧光粉的方法。表 1-2 汇总的是截至目前主要的白光 LED 实现办法。

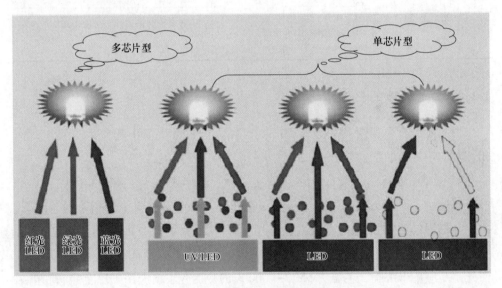

图 1-1　白光 LED 实现方法

表 1-2　主要的白光 LED 实现方法

方　　法	芯片数/个	激发源	发光材料	发　光　原　理
多色 LED 组合法	2	蓝光 LED 黄绿光 LED	GaInN GaP	将所有发光具有补色关系的两种芯片封装在一起，构成白光 LED
	3	蓝光 LED 绿光 LED 红光 LED	GaAlInP	将发三基色光的 3 种芯片封装在一起，构成白光 LED

方　　法	芯片数/个	激发源	发光材料	发光原理
多色 LED 组合法	多个	多种颜色的单色光 LED	GaInN GaP GaAlInP	将组合光遍布可见光区域的多种芯片封装在一起，构成白光 LED
荧光粉涂敷光转变法	1	蓝光 LED	GaInNP	GaInN 芯片的蓝光与荧光粉的黄光混合成白光
				GaInN 芯片的蓝光与其激发的红绿色荧光粉的红绿光混合成白光
		紫外 LED		GaInN 芯片的紫外光激发红绿蓝三基色荧光粉发白光
		近紫外 LED		GaInN 芯片的紫外光激发荧光粉直接发白光

1.1.4　白光 LED 的应用

白光发光二极管因其节能环保等优点在人们日常生活中起着举足轻重的作用，其应用主要如下：

（1）照明方面，白光 LED 由于使用寿命长、体积小等优点，在照明工程中被广泛使用。照明工程分为室内照明和室外照明。室内照明主要指家庭、剧院、酒店等使用的照明设施。近年来，白光 LED 在色温调控方面获得了快速发展，家庭和酒店适合使用色温低于 3300 K 的暖白光，色温范围在 4200~4500 K 的日白光主要应用于医院，色温为 5500~7000 K 的冷白光主要应用于珠宝照明和摄影等方面。而室外照明则分为以下几种形式：第一种是户外大型屏幕等广告设备。现在 LED 全色屏已经取代了传统的霓虹灯和其他装置，成为新一代的显示设备。第二种是景观照明。第三种是路灯和建筑物之间的照明。

（2）显示方面，随着时代的发展和进步，20 世纪至今，显示技术得到飞速发展。科技的发展不断推动着显示屏技术的升级和变革。最初，人们熟悉的显示技术是等离子显示（plasma display panel，PDP）和液晶显示（liquid crystal display，LCD）。然而，随着现如今对于半导体器件进一步的研究探讨，LED 显示屏已经引起了人们的广泛关注。这种显示屏具有尺寸大、视角广、亮度高、色彩鲜艳、抗震等优点，在全彩化显示等领域得到了广泛应用。此外，在体育、交通、金融、广告等领域，LED 屏幕也应用广泛。

（3）装饰方面，LED 的应用范围也已经相当广泛。目前，LED 发光效率高、亮度高、环保绿色，因此被广泛应用于城市夜景装饰、大型商场、演唱会、KTV 以及各种娱乐场所。各种颜色的 LED 器件可以很好地渲染气氛、烘托氛围，使人们的心情更加愉悦。例如，在深圳、北京、青岛等城市，LED 技术被应用于美丽的夜景屏幕，吸引了许多游客，这在一定程度上促进了旅游业的发展，也与 LED 技术的快速发展有着密切的关系。

（4）植物方面，众所周知，植物在生根、发芽、开花、结果等的阶段都离不开阳光的滋润，尤其是植物的光合作用更需要有阳光的直接参与。当然，不同波段的光对植物的作用是不一样的。调查研究表明，波长为 $380\sim400$ nm 的蓝紫光有利于植物根茎的生长。因此，在植物刚开始生长的时候，适当地用紫光照射，植物将会生长得更快、更茂盛。对植物最有利的光还应属 $620\sim650$ nm 的深红光，这部分光可以促进植物开花，并且使它的果实生长得更大，这直接决定了农作物的产量。目前对植物照明领域的研究非常火热，由于 Mn^{4+} 离子的发射光谱与植物开花结果所需要的光谱十分吻合，因此开发高效的 Mn^{4+} 离子激活的深红光荧光粉已然成为一个主流研究课题。

（5）汽车方面，LED 具有使用寿命长、抗冲击能力强、免维护和亮度较高的优点，被广泛应用在 LED 背光等辅助光源或者车门灯、尾灯等光源。

（6）交通信号方面，交通信号灯经常要面对各种天气情况，LED 因其节能环保、耐用、穿透性强等优点在众光源中脱颖而出，逐渐取代现有的信号灯设备。

1.1.5 发光材料概述

激活剂吸收能量后，激发态的寿命极短，一般大约仅为 10^{-8} s 就会自动地回到基态而放出光子，这种现象称为荧光。撤出激发源后，荧光立即停止。如果被激发的物质在切断激发源后仍能继续发光，这种发光现象称为磷光。有时磷光能持续几十分钟甚至数小时，这种发光物质就是通常所说的长余辉材料。

激活剂从激发态回到基态除了发射过程还有无辐射过程，即吸收的能量不以辐射（发光）的形式发出，而是转变为晶格振动能量或其他形式的能量释放出去。无辐射跃迁一般是由多声子弛豫或温度猝灭引起的，可以利用图 1-2 的位形坐标图来揭示无辐射过程。横坐标为发光中心周围晶格离子的位置，纵坐标为发光中心与周围离子的相互作用，即系统能量（U）-位形（R）的函数曲线。当中心离子被激发后，围绕它的电子云的分布发生变化，会影响周围离子的电场，从而影响周围的晶格离子，使它们的平衡位置发生改变，这种变化称为晶格弛豫，即激发态能级（抛物线 e）的平衡物质 R_0' 相对于基态能级（抛物线 g）的平衡位置 R_0 位移了 ΔR。电子从基态最低能级 A 跃迁到激发态较高能级 B，很快弛豫到激发态最低能级 C，放出多个声子，此过程为多声子弛豫。电子从 C 跃迁到基态的较高能级 D，此过程为辐射跃迁，产生发光。最后电子由 D 弛豫到 A，又放出多个声子。由于吸收（$A{\rightarrow}B$）和发射过程（$C{\rightarrow}D$）都伴随声子发射，发射光的能量小于吸收光的能量，因此产生了斯托克斯（Stokes）位移。

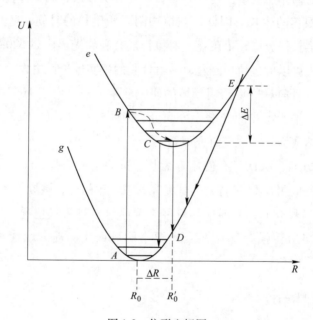

图 1-2　位形坐标图

当温度足够高时，处于激发态 C 的电子可以获得一个激活能（ΔE）到达抛物线 e 和抛物线 g 的交叉点 E，然后电子沿 $E{\rightarrow}D{\rightarrow}A$ 曲线又回到基态 A。该过程能量从激发态无辐射跃迁到基态，以热的形式释放到晶格中，即温度猝灭。很明显，ΔR 值越大，温度猝灭需要的活化能越小，发光猝灭的温度越低。ΔR 值的大小反映在光谱上是 Stoke 位移的大小，两者可以作为判断发光效率的依据，但不是绝对的。例如，三价稀土离子属于 4f 的电子跃迁，但位形坐标图中的 $\Delta R = 0$，不存在无辐射跃迁。但是，由于受到跃迁选律的影响，4f→4f 跃迁发生的概率低，中心离子在激发态停留的时间延长，容易将激发能传给另一个离子并可能继续传下去，直到遇到异种离子或缺陷后被吸收。这种情况会增大无辐射跃迁的概率，降低发光效率。

晶体的发光性质是由构成它的化合物的组成和晶体结构所决定的，而且往往在组成和结构上的微小变化就会引起材料性能上的巨大差异。发光颜色主要集中在可见光谱的蓝色和黄色范围内。

1.2 发 光 中 心

目前常见的发光中心，主要是过渡金属离子和镧系元素离子还有部分的非稀土发光基团，如 Cr^{3+}、Mn^{4+}/Mn^{2+}、Ni^{2+}、Eu^{3+}、Er^{3+}、Yb^{3+}、VO_4 等，发射范围位于可见光区、近红外-I、近红外-II等，发光中心经常受晶体场的影响，因此可通过选择合适的基质或通过改变基质材料的晶体场强度调控材料的性质。

1.2.1 过渡金属离子作为发光中心

1.2.1.1 Cr^{3+} 荧光粉作为基质发光中心

Cr^{3+} 荧光粉，尤其是 Cr^{3+} 掺杂的宽带近红外荧光粉快速发展，在效率方面较稀土离子显示明显的优势。Cr^{3+} 最外层 3d 电子层未被填满，在周围晶体场的影响下，外层电子在 3d 轨道发生内部跃迁，最终引起深红-红外区域的发射。Cr^{3+} 的 Tanabe-Sugano 能级图（图 1-3（a））显示，^4F 为基态，当离子位于八面体的对称环境时，^4F 能级可以劈裂成三个能级，分别是 $^4A_2$ 基态能级、$^4T_1$ 以及 $^4T_2$ 两个激发态能级。由图 1-3（a）可知，$^4T_1$ 激发态能级与 $^4T_2$ 激发态能级在 Dq/B 横坐标约 2.3 时存在交点，该交点将其左右分为弱晶体场和强晶体场。

当 Dq/B 值大于 2.3 时（位于交点右边），即 Cr^{3+} 离子位于较强的晶体环境，^2E 激发态能级位于 $^4T_2$ 激发态能级下方，则以 Cr^{3+} 离子为发光中心的荧光材料通过 $^2E \rightarrow ^4A_2$ 的能级跃迁。从图 1-3（a）发现，^2E 激发态能级与 $^4A_2$ 激发态能级属于几乎相互平行的两条能级线，所以该能级跃迁属于自旋禁戒跃迁，并且 ^2E 激发态能级受环境变化影响较小，发射峰为线状谱（R 线），发射峰值一般在 685~695 nm 的红光范围内波动。

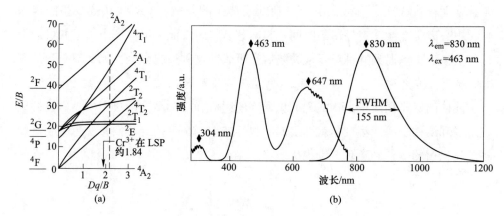

图 1-3 Cr^{3+} 在八面体场中的 Tanabe-Sugano 能级图 （a）

和 $LiScP_2O_7$：$0.06Cr^{3+}$ 的激发-发射光谱图 （b）

当 Dq/B 值小于 2.3 时（位于交点左边），即 Cr^{3+} 离子位于较弱的晶体环境，$^4T_2$ 激发态能级位于 ^2E 激发态能级下方，则以 Cr^{3+} 离子为发光中心的荧光材料通过 $^4T_2 \rightarrow {}^4A_2$ 的能级跃迁，该跃迁方式是自旋允许跃迁。发射是宽带峰，发射峰值可以覆盖 700~1000 nm 的近红外区域，且能级位置对晶体场非常敏感。

另外还有第三种情况，当晶体场 Dq/B 值约为 2.3 时，Cr^{3+} 离子位于中间晶体场时，$^4T_2$ 激发态能级与 ^2E 激发态能级的能级水平相当，因此以 Cr^{3+} 离子为发光中心的荧光材料可以同时出现 $^4T_2 \rightarrow {}^4A_2$ 的自旋允许跃迁以及 $^2E \rightarrow {}^4A_2$ 自旋禁戒跃迁，发射光谱为尖锐的线谱和宽带发射谱的共存谱。

因此确定 $^4T_2$ 能级和 ^2E_g 能级的相对位置是一项重要的工作，衡量晶体场强度的常用参数为 $10Dq/B$ 值，当 $10Dq/B$ 值远高于交叉点时，^2E_g 能级为最低能级，^2E_g 能级发射窄带红光，当 $10Dq/B$ 值远低于交叉点时，$^4T_{2g}$ 能级为最低能级，$^4T_{2g}$ 能级发射宽带近红光的估算公式如下：

$$10Dq = E_a(^4T_{2g}) \tag{1-1}$$

$$\frac{Dq}{B} = \frac{15(x-8)}{x^2 - 10x} \tag{1-2}$$

$$Dq \cdot x = E_a(^4T_{1g}) - E_a(^4T_{2g}) \tag{1-3}$$

式中，$E_a(^4T_{1g})$ 和 $E_a(^4T_{2g})$ 分别为吸收光谱中 $^4T_{1g}$ 能级和 $^4T_{2g}$ 能级的峰值位置。需要指出的是，公式（1-3）仅为估算方法，是假设 $^4T_{2g}$ 能级的位置完全由晶体场的大小决定的（即所谓的一阶近似），但当其他效应（如 Jahn-Teller 效应等）对能级位置影响显著时，公式（1-2）就不适用了，并且大量计算结果显示，完全根据晶体场理论的计算公式无法得到准确的能级位置。

经典晶体场理论显示，为实现 Cr^{3+} 的宽带发射必须减弱其所处晶体场的强度，Cr^{3+} 离子的发光效率却经常随晶体场强度的减弱而减弱。另外黄昆的多声子跃迁理论显示，非辐射跃迁概率 W 与发光能级间的间隙 Δ 之间存在如下关系：

$$W \propto e^{-\alpha\Delta}$$

因此，晶体场越弱，Δ 越小，非辐射跃迁越强，该现象被称为"能隙律"且不可避免。另外，在晶体场调控过程中，外来离子的引入会导致局部晶格的扭曲，而扭曲的大小在不同格位是不一致的，从而出现宏观上的扭曲分布现象，最终导致非均匀展宽和发光效率的下降。

因此，探索具有宽带发射并能够同时抑制非辐射过程可提高宽带近红外荧光效率的荧光粉体系具有重要意义。今年来，广大的科研工作者已开发许多激活的近红外荧光粉，主要包括镓酸盐/镓锗酸盐体系、铝酸盐体系、钽酸盐体系、硅酸盐体系、硼酸盐体系以及其他含氧酸盐体系。

A　镓酸盐/镓锗酸盐体系近红外荧光粉

镓酸盐由于其合适的激发点（最佳激发点：450 nm）和合适的发射范围（700~760 nm）被称为最有前途的荧光材料，Jiang 课题组在 H_3BO_3 助溶剂的作用下合成石榴石结构的 $Gd_3Ga_5O_{12}$：Cr^{3+} 近红外荧光粉，助溶剂的加入提高了晶体的结晶度。根据离子半径相近替代的原则，Cr^{3+}（0.0615 nm）替代 Ga^{3+}（0.062 nm）。基质晶体场的 Dq/B 值显示为 2.35，Cr^{3+} 处于较弱的晶体场中，该荧光粉在 450 nm 蓝光芯片的激发下，最佳发射峰为 731 nm，半高全宽为 95 nm（图 1-4），并且其外量子效率高达 43.6%。当 Cr^{3+} 浓度增加到 10% 时，其光电转化效率（wall-plug efficiency，WPE）从 15% 增加到 34.3%。

Zhong 课题组通过简单的高温固相法合成近红外 $Y_3In_2Ga_3O_{12}$：Cr^{3+} 荧光粉，该荧光粉在 450 nm 蓝光芯片的激发下，在 650~1100 nm 范围内发射近红外光，最佳发射波长为 760 nm（半峰全宽高达 125 nm），如图 1-5（a）所示。$Y_3In_2Ga_3O_{12}$：$0.08Cr^{3+}$ 荧光粉拥有超高内部量子效率（IQE ≈ 91.8%）和外部量子效率（EQE ≈ 42.7%）。并且该材料实现了高温零衰减的性能（图 1-5（b）和（c）），在 150 ℃ 的高温下，发射强度的保持率接近 100%，150 mA 下的输出功率为 68.4 mW。材料优异的热稳定性归因于高的结构刚性（德拜温度 $\Theta_D \approx$ 599 K）和高的带隙宽度（4.96 eV）有利于抑制热电离过程。

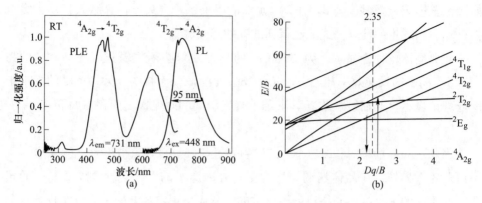

图 1-4　$Gd_3Ga_5O_{12}$：Cr^{3+}荧光粉的光学性能图

（a）$Gd_3Ga_5O_{12}$：Cr^{3+}荧光粉的激发和发射光谱图；（b）$Gd_3Ga_5O_{12}$：Cr^{3+} Tanabe-Sugano 能级图

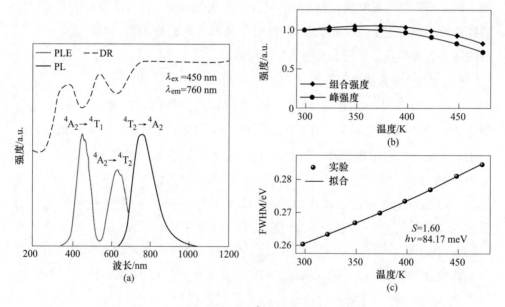

图 1-5　$Y_3In_2Ga_3O_{12}$：Cr^{3+}荧光粉的光学性能图

（a）$Y_3In_2Ga_3O_{12}$：Cr^{3+}荧光粉的漫反射和发射光谱图；

（b）$Y_3In_2Ga_3O_{12}$：$0.08Cr^{3+}$荧光粉的发射光谱随温度变化的归一化积分强度和峰强度图；

（c）通过拟合 FWHM 和温度的关系得到的黄昆因子和光子能量关系图

　　Zhuang 课题组在 N_2/H_2 混合气体的作用下采用简单的固相法合成了宽带发射的近红外 $LuCa_2ScZrGa_2GeO_{12}$荧光粉。晶体结构分析，Lu^{3+}/Ca^{2+} 与 8 个氧原子形成［Lu/CaO_8］十二面体，Sc^{3+}/Zr^{4+} 与 6 个氧原子形成［Sc/ZrO_6］八面体，

Ga^{3+}/Ge^{4+} 与 4 个氧原子结合形成 $[Ga/GeO_4]$ 四面体。Cr^{3+} 与相邻的 6 个氧原子形成八面体时，通常发近红外光，因此 Cr^{3+} 更倾向于进入 Sc^{3+}/Zr^{4+} 八面体格位。$LuCa_2ScZrGa_2GeO_{12}$：$0.005Cr^{3+}$ 荧光粉在蓝光芯片的激发（$\lambda_{ex} = 456$ nm）下，呈现宽带发射（晶体场强度 $Dq/B \approx 1.98$，弱场），最佳发射波长为 815 nm（图 1-6（a）），并且内量子效率（IQE）和外量子效率（EQE）分别为 68.75% 和 26.11%（图 1-6（b））。将该荧光粉封装成 LED 器件，测试一个装有胶水的塑料瓶和一个

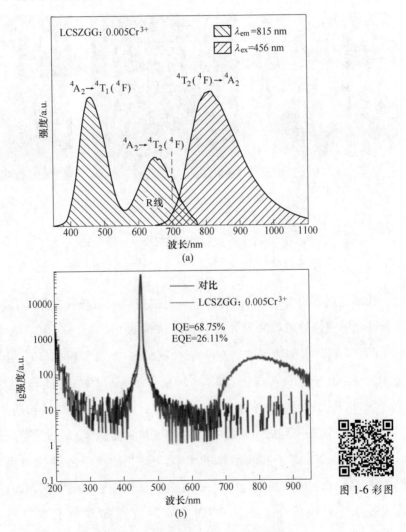

图 1-6　$LuCa_2ScZrGa_2GeO_{12}$ 荧光粉的光学性能图

（a）$LuCa_2ScZrGa_2GeO_{12}$ 荧光粉的激发发射光谱图；（b）$LuCa_2ScZrGa_2GeO_{12}$：$0.005Cr^{3+}$ 荧光粉的内量子效率（IQE）和外量子效率（EQE）图

橙子在自然光和黑暗环境下的照片，结果显示，在近红外光照射下，塑料瓶和橙子可以采集到清晰的黑白图像，并且还可以观察到塑料瓶底部的胶水，而在没有近红外光的黑暗环境下，采集不到任何清晰的图像，如图 1-7 所示，因此该荧光粉在夜视领域呈现了明显的应用潜力。

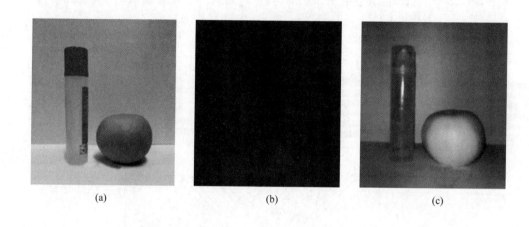

(a)　　　　　　　　　　　　　　(b)　　　　　　　　　　　　　　(c)

图 1-7　一个装有胶水的塑料瓶和一个橙子在自然光（a）、

黑暗环境（b）、NIR 光（c）下采集的照片

长春应化所的 Lin 课题组通过"一石二鸟"的策略成功合成了高量子效率和优异高温稳定性的近红外发光的石榴石结构的 $Ca_3Y_{2-2x}(ZnZr)_xGe_3O_{12}$：Cr（$x=0\sim1$）荧光粉。根据离子半径差异的计算公式（$D_r \leqslant 30\%$），$Cr^{3+}$ 与 Y^{3+} 的离子差为 31.7%，高于 30%，而 Cr^{4+} 与 Ge^{3+} 的离子差为 5.1%，因此 Cr 容易形成 Cr^{4+} 离子，Cr^{4+} 取代 Ge^{3+} 离子的位置。半径小的 Zn^{2+} 和 Zr^{4+} 离子的共掺杂，一方面降低了 Cr^{3+} 与 Y^{3+} 离子半径的不匹配问题，另一方面促进了 Cr^{3+} 离子的形成，促进了 Cr^{3+} 离子占据 Y^{3+} 离子的八面体的位点。低半径离子的共掺杂降低了八面体 $[YO_6]$ 晶胞和四面体晶胞 $[GeO_4]$ 的膨胀，十二面体的晶胞 $[CaO_8]$ 由于自身体积较大，影响较小，致使 XRD 中峰的位置向高角度方向移动。$Ca_3Y_{2-2x}(ZnZr)_xGe_3O_{12}$：Cr 荧光粉的漫反射光谱显示，无论是 $x=0$ 还是 $x=1$ 在 470 nm 和 660 nm 处都有典型的 Cr^{3+} 吸收峰（图 1-8（a））。然而当 $x=0$ 时也观察到 Cr^{4+} 离子的吸收信号，并且在 1100 nm 处有额外的吸收信号，但在 $x=1$ 时，信号几乎

消失。而且 $x=1$ 时 Cr^{3+} 吸收峰的强度，在 479 nm 处的相比于 $x=0$ 增强，并且 Cr 的 K 边 X 射线吸收近边结构（XANES）光谱进一步确定了 Cr 的价态。由于 Cr^{4+} 离子的吸收光谱与 $x=0$ 的发射光谱部分重叠（图 1-8（a）中插入图），因此 Cr^{4+} 离子的存在降低了 Cr^{3+} 光致发光的量子效率。$Ca_3Y_{2-2x}(ZnZr)_xGe_3O_{12}$：Cr（$x=0\sim1$）荧光粉在 470 nm 蓝光芯片的激发下，在 $650\sim1100$ nm 的范围内呈现宽带发射（图 1-8（c）），归因于 $^4T_{2g}\rightarrow^2A_{2g}$ 的电子跃迁。当 x 从 0 增加到 1 时，发射强度增加了 2.7 倍，并且发射峰从 812 nm 向 795 nm 有轻微的蓝移。不同条件下归一化激发和发射光谱等高线图显示（图 1-8（d）），当 $x=0$ 时，光谱没有明显的变化，并且只有一个 Cr^{3+} 的发光中心。$x=1$ 的拉曼信号的强度低于 $x=0$ 时的拉曼信号，这是由于 $[Zn^{2+}\text{-}Zr^{4+}]$ 共取代 $[Y^{3+}\text{-}Y^{3+}]$ 降低了 Ca—O 和 Ge—O 的键的振动。当 $x=1$ 时，$[GeO_4]$ 和 $[CaO_8]$ 周围环境变得不均匀，致使拉曼峰变宽。$[Zn^{2+}\text{-}Zr^{4+}]$ 共取代 $[Y^{3+}\text{-}Y^{3+}]$ 导致了 Cr—O 键变短，表明 $Cr^{3+}\text{-}O^{2-}$ 离子之间的结合力增强，使 $[CrO_6]$ 八面体刚性增加，另外共取代后，Ca^{2+} 和 Ge^{4+} 离子构成了 Cr^{3+} 离子的第二配位壳层，第二配位壳的振动减弱意味着它们对 $[CrO_6]$ 八面体的振动影响较小。$Ca_3Y_{2-2x}(ZnZr)_xGe_3O_{12}$：Cr（$x=0\sim1$）荧光粉的发光衰减行为显示（图 1-8（f）），$x=1$ 时为单指数函数对应于一个 Cr^{3+} 发光中心，当 $x=0$ 时，衰减曲线与双指数函数拟合良好，但与单指数函数差异很大，发光中心数与拟合指数之间的不匹配是由额外的非辐射跃迁所致，产生的原因是激活离子之间的能量迁移（Cr^{3+} 的发射光谱和吸收光谱的重叠也验证了此结论）。当 $x=0$ 时存在着 Cr^{3+} 和 Cr^{4+} 的能量传递，$x=1$ 时存在一个发光中心，能量传递受到限制。衰减曲线的拟合值 R^2（图 1-8（g））随着 x 的增加，先增大后趋于不变，归因于基质的刚性增加和无辐射跃迁的降低。随着 Cr^{3+} 浓度的增加，$Cr^{3+}\text{-}Cr^{3+}$ 的距离降低，Cr^{3+} 离子之间的能量传递得到增强（图 1-8（h））。共掺杂导致的晶体场的不均匀破坏了 Cr^{3+} 的 d →d 禁阻跃迁，降低了衰减时间，当 $x>0.4$ 时，逐渐恢复的晶体场，通过增加结构刚性抑制了非辐射跃迁。共掺杂后的荧光粉的内量子效率由 20% 增加到 96%，外量子效率由 6% 增加到 20%。并且该荧光粉在 423 K 时其发射强度相比于常温的发射强度的保持率为 89%，并且在生物组织成像和夜视方面的应用也已得到验证。

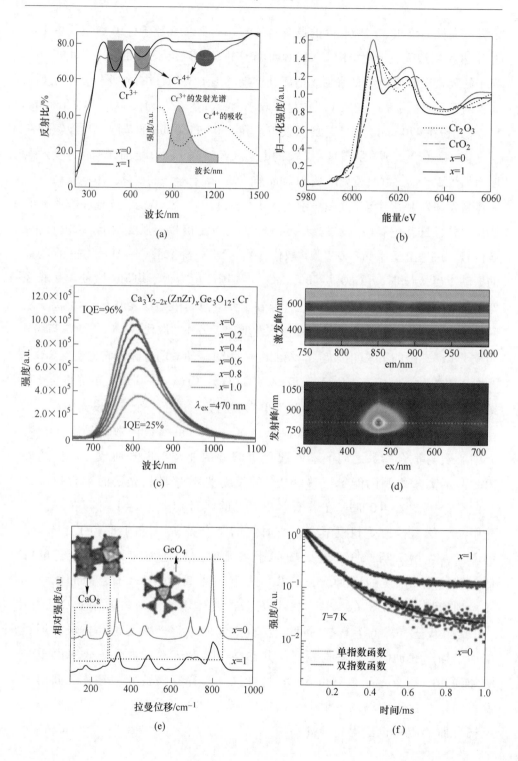

(a)

(b)

(c)

(d)

(e)

(f)

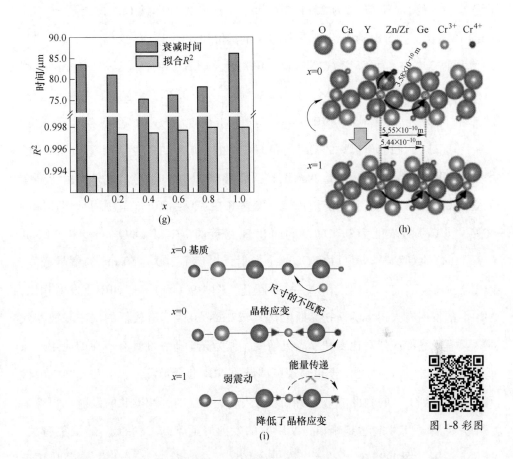

图 1-8 $Ca_3Y_{2-2x}(ZnZr)_xGe_3O_{12}$：$Cr(x=0\sim1)$ 荧光粉的光学性能图

(a) $Ca_3Y_{2-2x}(ZnZr)_xGe_3O_{12}$：$Cr(x=0\sim1)$ 荧光粉的漫反射光谱；（b）归一化的 Cr K 边 XANES 光谱；

(c) $Ca_3Y_{2-2x}(ZnZr)_xGe_3O_{12}$：$Cr(x=0\sim1)$ 荧光粉的发射光谱图；（d）$Ca_3Y_{2-2x}(ZnZr)_xGe_3O_{12}$：$Cr(x=0\sim1)$

荧光粉激发和发射光谱等高线图；（e）$Ca_3Y_{2-2x}(ZnZr)_xGe_3O_{12}$：$Cr(x=0\sim1)$ 荧光粉的拉曼光谱图；

(f) $Ca_3Y_{2-2x}(ZnZr)_xGe_3O_{12}$：$Cr(x=0\sim1)$ 荧光粉的发光衰减曲线；（g）$Ca_3Y_{2-2x}(ZnZr)_xGe_3O_{12}$：$Cr(x=0\sim1)$

荧光粉的寿命和 R^2 的拟合值；（h）$Ca_3Y_{2-2x}(ZnZr)_xGe_3O_{12}$：$Cr(x=0\sim1)$

荧光粉中 C^{3+}—Cr^{3+} 的键距示意图；（i）$x=0$ 和 $x=1$ 的化学离子分布图

Liu 课题组成功合成了 $LaMgGa_{11-x}O_{19}$：xCr^{3+}荧光粉，基质的精修结构显示六配位八面体的 Ga^{3+} 离子存在三个格位，分别是 Ga1、Ga4 和 Ga5，Ga4-O 八面体之间通过共享面连接，Ga-Ga 最短距离为 $2.80×10^{-10}$ m，而 Ga5-O 八面体之间通过共享边大的 Ga-Ga 距离为 $2.94×10^{-10}$ m。Ga1-O 八面体被 Ga3 位点隔开，Ga-Ga 距离最长，为 $5.81×10^{-10}$ m。另外 Ga4 的键价和（BVS）为+2.97，Ga5（+3.11）位点均在+3 左右，而 Ga1 位点为欠键，BVS 值为+3.35，明显大于+3，这表明 Cr^{3+} 首先占据 Ga4 和 Ga5 的八面体位点。$LaMgGa_{10.8}O_{19}$：$0.2Cr^{3+}$ 荧光粉在 440 nm 蓝光芯片的激发下，在 650～1000 nm 范围内呈现良好的宽带 NIR-Ⅰ 发射（图 1-9（a）），归因于孤立的 Cr^{3+} 的 $^4A_2→^4T_2$ 的自旋允许跃迁。随着 Cr^{3+} 浓度的增加，NIR-Ⅰ 的发射出现严重的浓度猝灭现象（图 1-9（b））。此外，由于多个孤立的 Cr^{3+} 中心之间高效的能量传递，发射峰在 720～890 nm 范围内呈现连续的红移。当 Cr^{3+} 的浓度为 0.5 时，同时出现宽带的 NIR-Ⅰ（890 nm）和 NIR-Ⅱ（1200 nm）的双发射。通过检测这两个发射，出现了 300～750 nm 的宽带激发，归因于孤立 Cr^{3+} 的 $^4A_2→^4T_1$ 和 $^4A_2→^4T_2$ 跃迁（图 1-9（c））。与 NIR-Ⅰ 发射相比，NIR-Ⅱ 的发射有大得多的斯托克斯位移（622 nm），表明有较低的次内滤波器效应，具有较高的成像对比度和检测灵敏度，作为光学造影剂具有潜在的应用。虽然，Cr^{4+} 的 $^3A_2→^3T_2$ 构型跃迁也呈现可调谐的 NIR-Ⅱ 宽带发射，但在 1200 nm 检测下未检测到 Cr^{4+} 的激发信号。当 Cr^{3+} 的浓度为 0.7 时，NIR-Ⅱ 的发射峰强度继续增大，当 $x=1.0$ 时达到峰值，NIR-Ⅱ 的发射峰通常与 Cr^{3+}-Cr^{3+} 的聚集有关。EPR 光谱图（图 1-9（f））显示，在低磁场区，G 值为 4.25 的共振信号归功于八面体中孤立的 Cr^{3+} 的跃迁，而在 $G=2.49$ 的共振信号是由于两个 Kramers 重偶体之间的较大距离。高磁场区的 G 值为 1.96 的共振信号是由于 Cr^{3+}-Cr^{3+} 对耦合产生的，在高磁场区的共振谱随着 Cr^{3+} 浓度的增加而变宽，进一步说明了基质晶格和 Cr^{3+} 离子之间强烈的相互作用，归因于过渡金属离子之间 Cr^{3+}-$Cr^{3+}→$ Cr^{2+}-Cr^{4+} 的价间电荷转移（IVCT）。因为随着 Cr^{3+} 浓度的增加，Cr^{3+}-Cr^{3+} 的聚集增加，电子从 Cr^{3+} 转移到附近的离子成为可能，从而形成 Cr^{2+} 和 Cr^{4+} 对，然后发生辐射重组，其自发发射通常出现较大的斯托克斯位移，荧光衰减曲线进一步支持了此结论。

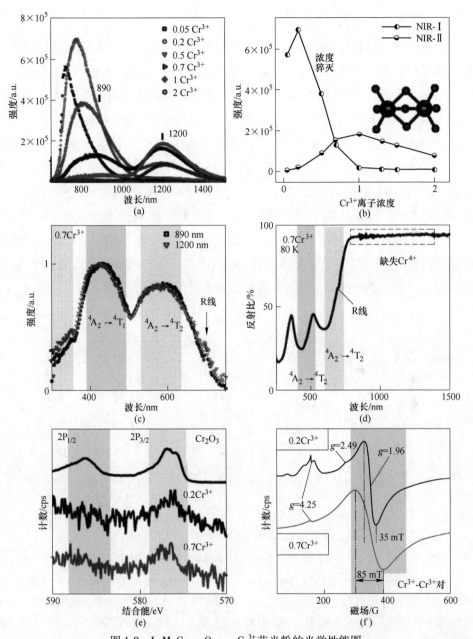

图 1-9 $LaMgGa_{11-x}O_{19}$：xCr^{3+}荧光粉的光学性能图

（a）$LaMgGa_{11-x}O_{19}$：xCr^{3+}荧光粉的发射光谱；（b）NIR-I 发射和 NIR-II
发射的荧光强度对比图；（c）$LaMgGa_{10.3}O_{19}$：$0.7Cr^{3+}$荧光粉在 890 nm 和
1200 nm 检测下的激发光谱；（d）$LaMgGa_{11-x}O_{19}$：xCr^{3+}荧光粉的漫反射光谱图；
（e）Cr_2O_3、$LaMgGa_{10.8}O_{19}$：$0.2Cr^{3+}$、$LaMgGa_{10.3}O_{19}$：$0.7Cr^{3+}$
样品的 XPS 图；（f）$LaMgGa_{11-x}O_{19}$：xCr^{3+}荧光粉的 EPR 图

图 1-9 彩图

B　铝酸盐体系近红外荧光粉

铝酸盐基质材料的种类较为丰富，可以为探究开发新型近红外荧光粉提供多种基质材料。KIM 课题组通过低温燃烧方法合成了 $LaMgAl_{11}O_{19}$：Cr^{3+}荧光粉，该基质结构呈 $PbFe_{12}O_{19}$ 磁铅矿结构，可以描述为一根脊柱状的木桩，其中包括由容纳镧离子的层分割的小阳离子。Al^{3+} 和 Mg^{2+} 分别分散在多个八面体和四面体的位点上，需要注意的是，可以通过部分替换来激活矩阵，La^{3+} 离子被 Cr^{3+} 离子替代，Cr^{3+} 离子取代脊髓中的 Al^{3+} 或 Mg^{2+}。电子顺磁共振（EPR）光谱图（图 1-10（a））显示，g = 4.84，3.64，2.26，1.94 和 1.26 都检测到共振信号，在 g = 4.84，3.64，2.26 处观察到的信号归因于强配体场位置上孤立的 Cr^{3+} 离子。g = 2.26 处的信号是由两个 Kramer 双重态之间较大的距离产生的。在 g = 1.94 处观察到的尖锐信号归因于弱配体场位 Cr^{3+}-Cr^{3+} 离子对的交换耦合。电子顺磁共振（EPR）光谱图的共振信号与其激发发射光谱信号一致（图 1-10（b））。

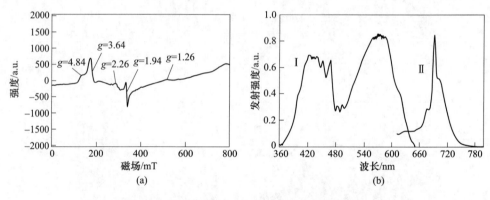

图 1-10　$LaMgAl_{11}O_{19}$：Cr^{3+}荧光粉的光学性能图

（a）$LaMgAl_{11}O_{19}$：Cr^{3+}荧光粉的电子顺磁共振（EPR）光谱图（296 K）；

（b）$LaMgAl_{11}O_{19}$：Cr^{3+}荧光粉的激发（Ⅰ：λ_{em} = 692 nm）和发射（Ⅱ：λ_{ex} = 692 nm）光谱

Zhang 课题组合成了石榴石结构的 $Ca_2LuZr_2Al_3O_{12}$：Cr^{3+}荧光粉，在 455 nm 的蓝光 LED 芯片激发下实现了 730～880 nm 的近红外宽带发光（FWHM = 150 nm）。在石榴石结构中，Cr^{3+} 占据八面体位置，且可通过 Cr^{3+}→Yb^{3+} 离子的能量传递实现近红外发光，其内量子效率高达 77.2%，半高全宽达到 320 nm，100 mA 下的光电输出效率为 41.8 mW，其发射光谱图和内量子效率测试图如图 1-11 所示。

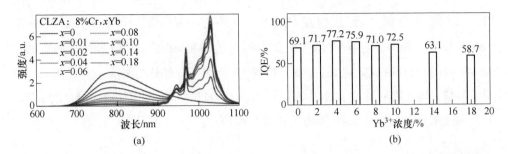

图 1-11 $Ca_2LuZr_2Al_3O_{12}$：Cr^{3+}，xYb^{3+}（$x=0\sim0.18$）荧光粉的光学性能图

（a）$Ca_2LuZr_2Al_3O_{12}$：Cr^{3+}，xYb^{3+}（$x=0\sim0.18$）荧光粉的发射光谱

（在 455 nm 蓝光芯片激发下）；（b）Yb^{3+} 在不同浓度下的内量子效率图

（在 460 nm Xe 灯激发下）

图 1-11 彩图

Li 课题组研究了益于植物生长的红色荧光粉 $BaMgAl_{10}O_{17}$：Cr^{3+}，该荧光粉宽带激发，激发峰分别对应于 405 nm 和 560 nm（图 1-12（a）和（b）），窄带发射，最佳发射峰对应于 695 nm，归因于 $^2E\rightarrow^4A_2$ 的电子跃迁，Cr^{3+} 所处晶体场的 Dq/B 值约为 2.7，高于 2.3，为较强的晶体场。由于晶体场的作用，导致 Cr^{3+} 的发射为窄带发射，最佳半峰宽仅为 4 nm，该红色荧光粉在植物生长方面具有潜在的应用。

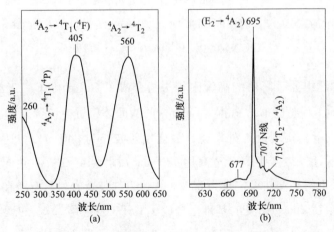

图 1-12 $BaMgAl_{10}O_{17}$：Cr^{3+} 的光学性能图

（a）$BaMgAl_{10}O_{17}$：Cr^{3+} 的激发光谱；（b）$BaMgAl_{10}O_{17}$：Cr^{3+} 的发射光谱

C 钽酸盐体系近红外荧光粉

六方刚玉型层状结构的钽酸盐作为近红外发光的基质材料具有潜在的意义，

Zhang 课题组合成了刚玉型层状结构的 $Mg_4Ta_2O_9$：Cr^{3+} 荧光粉，Cr^{3+} 占据 ［MgO_6］和［TaO_6］的八面体位置，占据方式遵循 $3Cr^{3+} \rightarrow 2Mg^{2+} + Ta^{5+}$ 的方式。在 450 nm 蓝光 LED 芯片的激发下，实现 750～880 nm 的近红外发射，通过 Li^+ 的电荷补偿，荧光粉的外量子效率高达 61.25%，100 mA 下的输出功率为 53.22 mW。其发射光谱和 Tanabe-Sugano 能级图如图 1-13 所示。

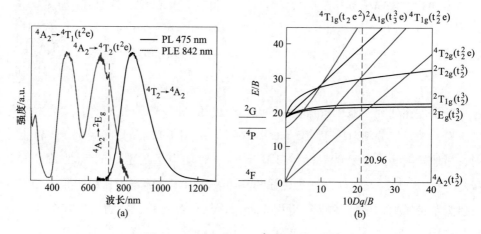

图 1-13　$Mg_4Ta_2O_9$：Cr^{3+} 的光学性能图

（a）$Mg_4Ta_2O_9$：Cr^{3+} 激发和发射光谱图（在 450 nm 蓝光 LED 芯片的激发下）；

（b）$Mg_4Ta_2O_9$：Cr^{3+} Tanabe-Sugano 能级图

Zhong 课题组通过简单的高温固相法组合成了 $GaTaO_4$：Cr^{3+} 近红外荧光粉，结构分析显示 Cr^{3+} 替代 Ga^{3+} 占据［GaO_6］的八面体位置。该荧光粉在 460 nm 蓝光芯片的激发下，实现近红外发光，最佳发射波长为 840 nm，归因于 $^4T_2 \rightarrow {}^4A_2$ 的电子辐射跃迁，最佳半高全宽高达 140 nm（图 1-14），并且内量子效率高达 91%，100 ℃下的高温热稳定性为 85%，作为近红外荧光粉具有潜在的应用。

Li 课题组在 Zhong 研究的基础上合成了 $GaTaO_4$：Cr^{3+}，Yb^{3+} 的近红外荧光粉，结构分析显示，Cr^{3+} 替代 Ga^{3+} 而 Yb^{3+} 替代 Ta^{3+}，都占据八面体位置。该荧光粉在 460 nm 蓝光芯片的激发下，实现近红外发光，并且半高全宽高达 300 nm，423 K 下的热稳定性为 90%，内量子效率和外量子效率分别高达 95.5% 和 44.79%（图 1-15），该荧光粉优异的性能归因于 $Cr^{3+} \rightarrow Yb^{3+}$ 的能量传递，作为近红外荧光粉具有潜在的应用。

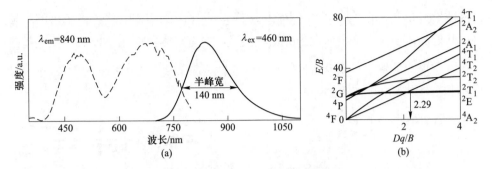

图 1-14　GaTaO$_4$：Cr^{3+} 的光学性能图

（a）GaTaO$_4$：Cr^{3+} 激发和发射光谱图（在 460 nm 蓝光 LED 芯片的激发下）；

（b）GaTaO$_4$：Cr^{3+} Tanabe-Sugano 能级图

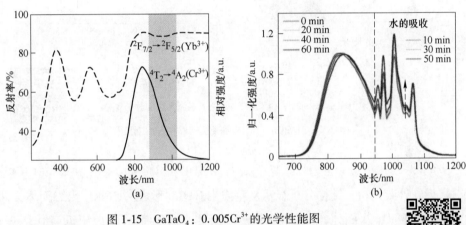

图 1-15　GaTaO$_4$：0.005Cr^{3+} 的光学性能图

（a）GaTaO$_4$：0.005Cr^{3+}，0.009Yb^{3+} 漫反射光谱和 GaTaO$_4$：0.005Cr^{3+} 的发射光谱；

（b）不同含水量和加热时间近红外穿透苹果切片的归一化透射光谱

图 1-15 彩图

D　硅酸盐体系近红外荧光粉

硅酸盐材料由于其优异的热稳定性被广泛地用作荧光粉的基质材料，并且已获得广泛研究，Xia 课题组通过简单的高温固相法合成 CaLu$_2$Al$_4$SiO$_{12}$：Cr^{3+} 近红外荧光粉，结构分析显示，Ca/Lu 形成 Lu/CaO$_8$ 十二面体，两个 Al 形成 AlO$_6$ 八面体，另两个 Al 和 Si 形成四面体，由于离子半径相近替代原理，Cr^{3+} 替代 Al^{3+} 占据八面体位点。该荧光粉在蓝光芯片激发下，在 688 nm 和 708 nm 处两个尖锐的峰归因于 ^{2}E→^{4}A$_2$ 的电子跃迁，而在 630~850 nm 的范围内呈现宽带发射，归因于 ^{4}T$_2$→^{4}A$_2$ 的电子辐射跃迁（图 1-16（a）），晶体场影响两种电子的跃迁类型，随着 Cr^{3+} 浓度的增加，晶体场强度出现明显的变动，2.39<Dq/B<2.54，晶体场

强度随着 Cr^{3+} 浓度的增加 10%，Dq/B 值从 2.54 降低到 2.29，即 Cr^{3+} 浓度的增加可以降低晶体场的强度，使发射光谱从尖锐峰向宽峰方向变化，导致该荧光粉热稳定性异常的增加（图 1-16（b）），475 K 下的热稳定性保持率为 118%，是通过优化 Cr^{3+} 的电子占位来实现的。

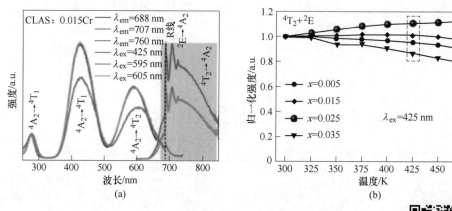

图 1-16 $CaLu_2Al_4SiO_{12}$：Cr^{3+} 的光学性能图

(a) $CaLu_2Al_4SiO_{12}$：Cr^{3+} 近红外荧光粉的激发和发射光谱图；

(b) $CaLu_2Al_4SiO_{12}$：Cr^{3+} 近红外荧光粉的热稳定性图

图 1-16 彩图

　　Jiang 课题组开发了一种新型石榴石结构的 $CaLu_2Mg_2Si_3O_{12}$：Cr^{3+}（CLMS：Cr^{3+}）近红外荧光粉，结构分析显示，基质中 Ca/Lu 形成 Lu/CaO_8 十二面体，两个 Mg 形成 MgO_6 八面体，Si 形成 SiO_4 四面体，由于离子半径相近替代原理，Cr^{3+} 替代 Mg^{2+} 占据八面体位点。该荧光粉在 445 nm 蓝光芯片激发下，呈现窄带发射和宽带发射共存的发射峰，在 688 nm 和 708 nm 处两个尖锐的峰归因于 $^2E \to {}^4A_2$ 的电子跃迁，而在 630~850 nm 的范围内呈现宽带发射，归因于 $^4T_2 \to {}^4A_2$ 的电子辐射跃迁（图 1-17（a）），基质材料（CLMSG）的带隙（约 5.17 eV）较宽和 $^4T_{1g}$ 和 $^4T_{2g}$ 能级距离 CLMSG 的导带较远，致使热电离过程和非辐射弛豫可能被抑制，因此 $CaLu_2Mg_2Si_3O_{12}$：Cr^{3+} 荧光粉表现出更好的热稳定性（100 ℃ 下为 92.1%），并且 373 K 下 CLMSG：5% Cr^{3+} 荧光粉的外量子效率高达 92.1%（图1-17（b））。

　　E　硼酸盐体系近红外荧光粉

　　Fang 课题组合成高量子效率的 $ScBO_3$：Cr^{3+} 近红外荧光粉，结构分析显示，Sc^{3+} 与 6 个氧原子形成 [ScO_6] 八面体，B^{3+} 与 3 个氧原子形成 [BO_3] 三角形，

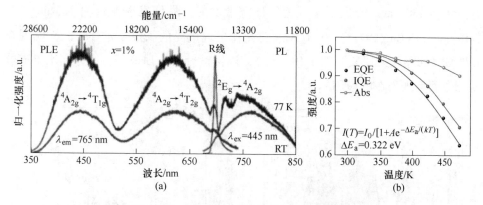

图 1-17 $CaLu_2Mg_2Si_3O_{12}$：Cr^{3+}荧光粉的光学性能图

（a）$CaLu_2Mg_2Si_3O_{12}$：Cr^{3+}荧光粉的激发和发射光谱图；（b）$CaLu_2Mg_2Si_3O_{12}$：$5\%Cr^{3+}$荧光粉在不同

温度下的内量子效率、外量子效率、吸收效率对比图

根据离子半径和价态匹配原则，Cr^{3+}占据八面体中Sc^{3+}的格位。$ScBO_3$：$0.02Cr^{3+}$荧光粉呈现宽带近红外发射（发射范围：$700 \sim 1000$ nm），最佳发射波长为 800 nm（图1-18（a）），并且该荧光粉的内部量子效率高达72.8%，350 mA 下的输出功率为 39.11 mW，为近红外 LED 器件的潜在应用提供保证。

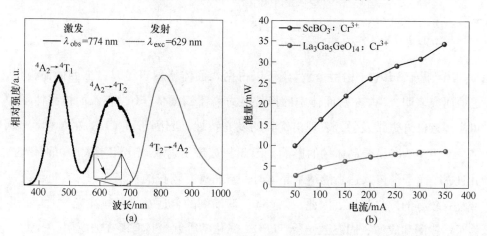

图 1-18 $ScBO_3$：Cr^{3+}荧光粉的光学性能图

（a）$ScBO_3$：Cr^{3+}荧光粉的激发发射光谱图；（b）不同驱动电流下 LED 的输出功率

Zhong 课题组合成了高温热稳定的$YGa_3(BO_3)_4$：Cr^{3+}近红外荧光粉，结构分析显示，Y^{3+}与 6 个氧原子形成［YO_6］三角棱柱结构，Ga^{3+}与 6 个氧原子形成［GaO_6］八面体，B^{3+}与 3 个氧原子形成［BO_3］三角形平面，该荧光粉在蓝光芯

片（$\lambda_{ex} = 430$ nm）激发下呈现近红外宽带发射，最佳发射波长为 770 nm（图 1-19（a））。$YGa_3(BO_3)_4$：$0.075Cr^{3+}$荧光粉呈现优异的高温稳定性，几乎实现在 150 ℃时的零猝灭现象（图 1-19（b）），该材料封装成 LED 器件时，在水果成分检测方面呈现潜在的应用。

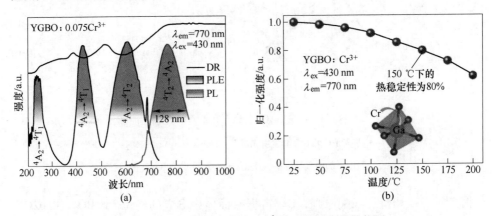

图 1-19　$YGa_3(BO_3)_4$：$0.075Cr^{3+}$荧光粉的光学性能图

（a）$YGa_3(BO_3)_4$：$0.075Cr^{3+}$荧光粉的激发发射光谱图；（b）$YGa_3(BO_3)_4$：$0.075Cr^{3+}$荧光粉在不同温度下的归一化强度图

1.2.1.2　Ni^{2+}作为基质发光中心

Ni^{2+}属于$3d^8$电子构型，Ni^{2+}既可以占据八面体格位也可以占据四面体格位，已有研究表明，Ni^{2+}在八面体中的择位能力高于四面体。Ni^{2+}在八面体晶体场中可实现近红外宽带发射，表现出优异的发光特性，归因于$^3T_2(^2F) \rightarrow {}^3A_2(^2F)$跃迁，又由于$Ni^{2+}$易受晶体场的影响，因此其宽带发射表现出相当大的可调谐性。并且Ni^{2+}离子被掺入适当的纳米晶体时，它们具有较长的荧光寿命，在近红外区域具有较好的发光特性。因此，以Ni^{2+}为激活剂的合适基质材料在光学通信、生物医学检测和成像、固态激光器、LED、光化学等领域具有潜在的应用。

Zhu 课题组利用简单的预烧-烧结的方法合成近红外 $MgTa_2O_6$：Ni^{2+}荧光粉，基质的结构精修图显示，基质掺杂 Ni^{2+}后，根据离子半径相近替代的原则，Ni^{2+}（$r = 0.69 \times 10^{-10}$ m）占据［TaO_6］八面体中 Ta^{5+}（$r = 0.64 \times 10^{-10}$ m）的格位，并且随着 Ni^{2+}掺杂浓度的增加，晶体的单位体积呈现上升趋势，这是因为 Ni^{2+}的掺杂导致晶格体积的膨胀。荧光粉的漫反射光谱显示 4 个吸收信号（图

1-20 (a)），分别位于 290 nm、470 nm、677 nm 以及 1290 nm 对应于基质 VB→CB 带隙跃迁、Ni^{2+} 的 $^3A_2(F) \rightarrow {}^3T_1(P)$、$^3A_2(F) \rightarrow {}^3T_1(F)$ 和 $^3A_2(F) \rightarrow {}^3T_2(F)$ 的跃迁。在 290 nm 和 470 nm 的激发下，$MgTa_2O_6$：$0.06Ni^{2+}$ 荧光粉的发射光谱出现了覆盖 NIR-Ⅱ 到 NIR-Ⅲ 区域的超宽带发射，归因于弱晶体场（$Dq/B = 0.8945$ eV）中 $^3T_2(F) \rightarrow {}^3A_2(F)$ 自旋允许的跃迁，最佳发射波长为 1620 nm，半峰全宽高达 297 nm（图 1-20 (b)）。因此荧光粉在 290 nm 近紫外光和 470 nm 蓝光芯片的激发下，其电子传输路径不同。$MgTa_2O_6$：$0.06Ni^{2+}$ 荧光粉在 470 nm 蓝光芯片的激发下宽带发射，内量子效率（PLQY）高达 25.62%，外量子效率（EQE = PLQY×吸收效率）通过计算为 3.78%。该荧光粉优异的光电转化效率在夜视照明领域方面呈现潜在的应用优势。

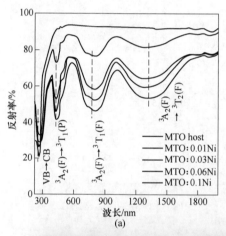

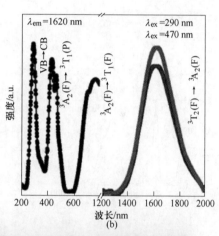

图 1-20　$MgTa_2O_6$：Ni^{2+} 荧光粉的光学性能图

（a）$MgTa_2O_6$：Ni^{2+} 荧光粉的漫反射光谱图；（b）$MgTa_2O_6$：Ni^{2+} 荧光粉的激发发射光谱图；（c）$MgTa_2O_6$：$0.06Ni^{2+}$ 荧光粉在夜视照明领域的应用

图 1-20 彩图

　　Liu 课题组开发了一种简单 MgO：Cr^{3+}，Ni^{2+} 荧光粉，结构分析显示，Cr^{3+}/ Ni^{2+} 共同占据了 Mg^{2+} 的位置，获得了与杂质离子相对应的拉曼信号。激发发射光谱（图 1-21（a））显示，不管 Cr^{3+} 的存在与否，MgO：Ni^{2+} 荧光粉在 1100～1700 nm 范围内都有相似的宽带发射，在 1335 nm 处达到峰值，归因于 Ni^{2+} 在 MgO 中的 $^3T_2(F) \rightarrow {}^3A_2(F)$ 跃迁。Cr^{3+}/Ni^{2+} 共掺 MgO 荧光粉，一方面使在 455 nm 处的激发强度比 Ni^{2+} 单掺 MgO 大大增强，另一方面共掺后，荧光粉的全峰半宽（FWHM）由单掺的 204 nm 增加到 235 nm。Cr^{3+}/Ni^{2+} 共掺 MgO 荧光粉在 455 nm 蓝光芯片激发下，其内量子效率高达 92.7%，在 150 ℃ 高温处，发射强度相比于室温保持率达到 83.0%（图 1-21（b）），其在 350 mA 下的光电效率高达 27.4 mW，在 NIR-Ⅱ LED 器件方面具有潜在应用。

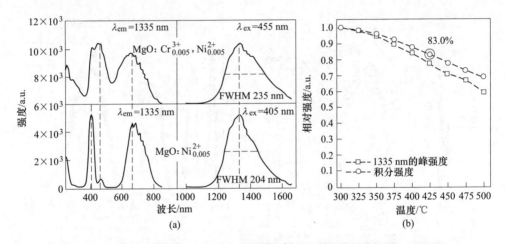

图 1-21　MgO：$0.005Cr^{3+}$，$0.005Ni^{2+}$ 荧光粉的光学性能图

（a）MgO：$0.005Cr^{3+}$，$0.005Ni^{2+}$ 荧光粉的激发和发射光谱；（b）MgO：$0.005Cr^{3+}$，$0.005Ni^{2+}$ 荧光粉在不同温度下的发射强度图

　　Miao 课题组对 $MgGa_2O_4$：Cr^{3+}，Ni^{2+} 荧光粉的开发研究中发现，Cr^{3+} 占据 ［GaO_6］ 八面体中 Ga^{3+} 的格位，Ni^{2+} 占据 ［MgO_6］ 八面体中 Mg^{2+} 的格位，是由于离子半径和价态决定了掺杂发光材料的取代位置。$MgGa_2O_4$：$2\%Cr^{3+}$，$2\%Ni^{2+}$ 荧光粉在 420 nm 蓝光芯片的激发下，在 1100～1600 nm 范围内实现宽带发射，最佳激发波长为 1260 nm（图 1-22（a）），半峰全宽高达 222 nm，归因于 Cr^{3+} 的 $^2E \rightarrow {}^4A_2$ 跃迁和 Ni^{2+} 的 $^3T_2 \rightarrow {}^3A_2$ 跃迁。从图中可以清楚地看到，$MgGa_2O_4$：$2\%Cr^{3+}$ 的发射带与 $MgGa_2O_4$：$2\%Ni^{2+}$ 激发带重叠，并且共掺后的荧光粉在 708 nm 和 1260 nm 处的

激发光谱与单掺 Cr^{3+} 的激发光谱分布相同，表明发生了高效的 $Cr^{3+} \rightarrow Ni^{2+}$ 的能量传递。Cr^{3+} 为敏化剂，Ni^{2+} 为激活剂，共掺后的荧光粉在蓝光激发下，内量子效率高达 96.5%，150 mA 下的光电效率为 14.9 mW，并且在 150 ℃ 高温处，发射强度相对室温下保持率为 67.9%，呈现优异的光学性能，在 NIR-Ⅱ LED 器件方面具有潜在应用（图 1-22（b））。

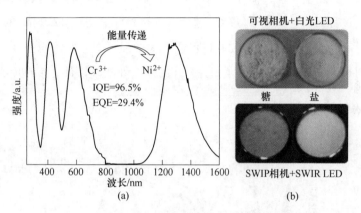

图 1-22 $MgGa_2O_4$：Cr^{3+}，Ni^{2+} 荧光粉的光学性能图

（a）$MgGa_2O_4$：Cr^{3+}，Ni^{2+} 荧光粉的激发发射光谱图；（b）$MgGa_2O_4$：Cr^{3+}，Ni^{2+} 荧光粉的应用

$Cr^{3+} \rightarrow Ni^{2+}$ 的能量传递导致荧光粉的发光效率显著增加在其他基质的荧光粉中也得到体现，Zhang 课题组研究了 $LaMgGa_{11}O_{19}$：0.05 Ni^{2+}（LMG）荧光粉和 $LaMgGa_{11}O_{19}$：Cr^{3+}，Ni^{2+} 荧光粉的离子格位占据类型、激发发射情况、$Cr^{3+} \rightarrow Ni^{2+}$ 的能量传递以及共掺产生发光性能提高的可能原因等。基质 LMG［M = Mg^{2+}，Ga^{3+}］中含有 5 个特殊的阳离子位点，其中 M1、M4 和 M5 为八面体位置，M4 和 M5 位点为基质的局部结构，相邻的两个 M4 位点通过八面体共面形成二聚体（M4-M4），三个相邻的 M5 单元通过八面体边共享形成三聚体（M5-M5-M5）。交换偶联的 Ni^{2+}-Ni^{2+} 有 180° 和 90° 两种不同的键角，Ni^{2+}-Ni^{2+} 二聚体中超交换相互作用的强度与配位构型有关。当 MO_6 八面体共享角连接时，Ni-O-Ni 的角为 180°，Ni^{2+} 和 O^{2-} 离子之间的电子云重叠最大，交换作用强。当 MO_6 八面体共享边连接时，对应角为 90°，交换耦合弱。当 LMG：Ni^{2+} 荧光粉中添加了 Cr^{3+}，增加了 Ni^{2+}-Ni^{2+} 的距离，导致 Ni^{2+}-Ni^{2+} 离子对中超交换相互作用急剧减少，使 Ni^{2+} 离子在 1250~1215 nm 之间的发射光谱发生蓝移（图 1-23（a）），与 Ni^{2+} 的蓝移相反，Cr^{3+} 离子浓度的增加会促进 Cr^{3+}-Cr^{3+} 离子对的形成，并增加 Cr^{3+}-Cr^{3+} 离子对

的超交换相互作用，导致 Cr^{3+} 发生红移。在 430 nm 的激发下（图 1-23（b）），的基态（$^4A_2$）电子跃迁到激发态（$^4T_1$）（过程 A），然后激发态电子非辐射弛豫到激发态（$^4T_2$）（过程 B），Cr^{3+} 的激发态（$^4T_2$）电子通过两种方式返回基态，首先，一部分电子跃迁到 $^4A_2$，发出 730 nm 的光（过程 C），其次，处于 Cr^{3+} 激发态的剩余电子将能量转移到临近的 Ni^{2+} 激发态 $^3T_1$（过程 D），被激发的电子通过非辐射跃迁（过程 E）弛豫到 $^3T_2$ 能级，然后跃迁到 $^3A_2$ 并发出 1250 nm 的近红外光，在蓝光激发下，Cr^{3+}→Ni^{2+} 的高效能量传递大大增强了 Ni^{2+} 的发光强度，并将发射波段拓宽到 650~1600 nm，促进了荧光粉作为近红外光源具有优异的光学特性。

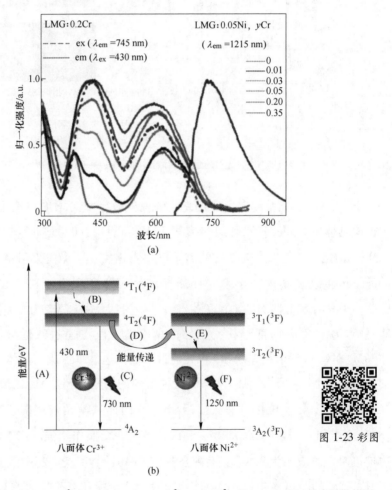

图 1-23　LaMgGa$_{11}$O$_{19}$：0.2Cr^{3+} 和 LaMgGa$_{11}$O$_{19}$：yCr^{3+}，0.05Ni^{2+}（0≤y≤0.35）的光学性能图
（a）LaMgGa$_{11}$O$_{19}$：0.2Cr^{3+} 荧光粉和 LaMgGa$_{11}$O$_{19}$：yCr^{3+}，0.05Ni^{2+}（0≤y≤0.35）
荧光粉归一化的激发发射光谱；（b）Cr^{3+}→Ni^{2+} 能量传递的能级示意图

  Lu 课题组在研究 Ba_2MgWO_6：Ni^{2+}荧光粉时发现，Ni^{2+}可以替换 W^{6+} 占据八面体的位点中，Ni^{2+}替换后基质的晶体场强度比较弱，Dq/B 约为 0.896 eV，弱的晶体场致使 Ni^{2+}离子的能级被严重分裂，产生巨大的斯托克斯位移和完全覆盖 NIR-Ⅱ和 NIR-Ⅲ波段的发光（图 1-24（a）），通过改变 Ni^{2+}离子的掺杂量，荧光粉的临界猝灭浓度（摩尔浓度）为 5%，并且该双钙钛矿近红外荧光粉在不同温度下的热猝灭效应相对较小。Ba_2MgWO_6：$0.05Ni^{2+}$荧光粉在近紫外芯片的激发下，超长宽带发射，发射范围为 1200~2000 nm。最佳发射波长约为 1630 nm，半峰全宽约为 250 nm，且其实际发射的内量子效率为 16.67%，表现出良好的组织穿透能力和对人体深层组织成像的优异分辨率（图 1-24（b））。该项研究扩展了近红外波段的选择，对近红外成像具有潜在的实用价值。

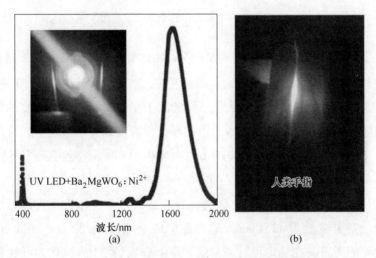

图 1-24 Ba_2MgWO_6：$0.05Ni^{2+}$荧光粉的光学性能图

（a）Ba_2MgWO_6：$0.05Ni^{2+}$荧光粉在 365 nm 紫外芯片激发下的激发发射光谱图；

（b）人类手指在近红外（NIR）照明下的图片

  Tang 课题组研究了一种特殊的 $MgTi_2O_5$：Ni^{2+}荧光粉，Ni^{2+}作为该荧光粉的发光中心，在基质中的占位类型随着合成温度的不同发生改变，但 Ni^{2+}会优先占据［MgO_6］的八面体位点，$MgTi_2O_5$：Ni^{2+}荧光粉在 395 nm 的紫外芯片激发下宽带发射（图 1-25），发射波长覆盖近红外-Ⅱ段范围（1100~1700 nm），最佳发射波长位于 1470 nm 附近，半峰全宽约为 245 nm，300 mA 下的近红外输出功率为 3.6 mW，在信息还原和近红外光谱分析方面具有潜在的应用前景。

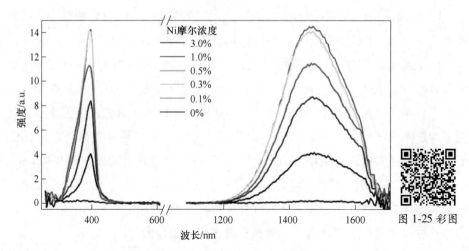

图 1-25　$MgTi_2O_5$：Ni^{2+}荧光粉的激发发射光谱

Chen 课题组研究了尖晶石结构的（Zn, Mg）Al_2O_4：Ni^{2+}荧光粉的晶体结构、激活剂的替代类型以及其发光特性。精修图显示，Ni^{2+}替代基质中 Al^{3+} 占据八面体的格位，由于 Ni^{2+} 的离子半径大于 Al^{3+} 的离子半径，随着 Ni^{2+} 浓度的增加，基质的晶胞体积呈现膨胀状态，导致主衍射峰的位置变宽并出现偏移。漫反射光谱图显示，在 340 ~ 430 nm、500 ~ 800 nm 和 800 ~ 1200 nm 处有三个不同的吸收峰（图 1-26（a）），对应于六配位 Ni^{2+} 离子的 $^3A_2(F) \rightarrow {}^3T_1(P)$、$^3A_2(F) \rightarrow {}^3T_1(F)$ 和 $^3A_2(F) \rightarrow {}^3T_2(F)$ 的电子跃迁。该荧光粉在近紫外芯片激发下呈现近红外宽带发射，最佳发射波长为 1251 nm，对应的半峰全宽高达232 nm（图1-26（b）），并呈现优异的高温发光稳定性（423 K 下为 41%），在叶片脉状的可视化方面具有潜在的应用。

1.2.2　VO_4 作为发光中心

1964 年，Levine 等报道了新型红光发射的 YVO_4：Eu^{3+} 荧光粉，并发现 YVO_4：Eu^{3+} 荧光粉在颜色和亮度上都远远优于用于彩色显像管的银激活的硫化锌镉，可用于代替非稀土红色荧光粉。1965 年，Brixner 等报道了 $Ca_3(VO_4)_2$ 结构材料，对其晶格结构进行分析，并表明用 Na^+ 作为电荷补偿剂可以恢复三价离子取代 Ca^{2+} 而导致不平衡的电中性。钒酸盐本身的光学性能非常优异，具有合成温度低、化学稳定性好、吸收强、发射带宽、发光亮度高及结晶性好等优点。同时在我国攀西地区又具有非常丰富的钒资源，又为了钒酸盐的发展奠定了坚实的

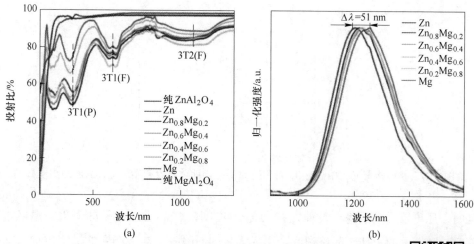

图 1-26 （Zn,Mg）Al$_2$O$_4$：Ni^{2+}荧光粉的光学性能图

（a）（Zn,Mg）Al$_2$O$_4$：Ni^{2+}荧光粉的漫反射光谱；（b）（Zn,Mg）Al$_2$O$_4$：Ni^{2+}

荧光粉 Mg/Zn 在不同比例下的归一化的发射光谱图

图 1-26 彩图

物质原料基础。因此，钒酸盐基于以上诸多优势被广泛应用于颜料、LED 电池、化学传感器以及光催化等各个领域。

钒酸盐发光材料属于基质敏化型材料，该基质在紫外区域产生较强的吸收并将能量有效地传递发射。由于内部 Td 对称性 VO$_4$ 基团的存在，在 VO$_4$ 四面体中，电子发生^{3}T$_2$→^{1}A$_1$ 和^{3}T$_1$→^{1}A$_1$ 的跃迁，显示优异的发光性能；同时，电子可与能量一起向活化剂离子中转移，得到特征谱。图 1-27 为钒酸盐荧光粉中具有 Td 对称性的 VO$_4$ 四面体吸收和发射过程的原理图模型。Ex$_1$ 和 Ex$_2$ 分别表示激发过程^{1}A$_1$→^{1}T$_1$ 和^{1}A$_1$→^{1}T$_2$。Em$_1$ 和 Em$_2$ 分别代表发射过程^{3}T$_2$→^{1}A$_1$ 和^{3}T$_1$→^{1}A$_1$。在理想 T$_d$ 对称结构中^{3}T$_1$，^{3}T$_2$→^{1}A$_1$ 的辐射跃迁是部分禁止跃迁的，但当 Td 对称性有所减少，一定程度上使得该跃迁的可能性增大，能量转移得到提升。若利用非稀土掺杂降低晶体对称性，使得该辐射跃迁被允许，即可提高激发波长为 365 nm 以上的 CsVO$_3$ 材料的发光强度。

1992 年，仔细研究了发光物质 Sr$_2$VO$_4$Cl 的相结构，在此基础上，Nakajima 证实了发光过程中的电荷转移和 V-O 距离之间的关系。通过比较其结构与发光性能之间的关系，实验证明，随着 V-O 距离的改变，VO$_4$ 基团的电荷具有不同的转移路径，从而改变发光情况。并且随着 V-V 距离的减少和掺杂离子取代位 M-V 距离的增加，有利于材料中激子的扩散，提高发光性能。当掺杂离子量到一定程

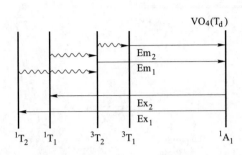

图 1-27 钒酸盐荧光粉中具有 T_d 对称性的 VO_4 四面体吸收和发射过程的原理图模型

度时，还可以提高热稳定性能。掺杂量 $x = 0$ 对应浅陷阱中电子的发射，温度增高时，随着 x 的增加，晶格紊乱会引入大量的深陷阱。掺杂产生的深陷阱捕获的电子吸收能量，在约 470 K 工作温度下，深陷阱的电子释放导致发射增加，从而补偿了由于非辐射能量转移引起的热损失。因此，阳离子无序而形成的深陷阱导致了发光寿命的增加。

研究者们努力地进行各种可能的尝试，表 1-3 简单列出几种钒酸盐自激活材料改善性能的文献报道，通过对这些材料进行掺杂改性，样品的性能和理论研究均得到了提高和发展，可见这种无稀土掺杂的荧光粉材料拥有巨大的潜能。

表 1-3 自激活钒酸盐材料及其发光颜色情况

编号	样 品	发光颜色
1	Sr_2VO_4Cl	蓝色
2	$Rb_2CaV_2O_7$	淡绿色
3	$Cs_2CaV_2O_7$	淡绿色
4	$Ba_2V_2O_7$	绿色
5	$Sr_2V_2O_7$	黄绿色
6	$LiZnVO_4$	绿色
7	$RbVO_3$	绿色
8	$CsVO_3$	绿色
9	KVO_3	黄绿色
10	$Ca_2NaZn_2V_3O_{12}$	绿色
11	$Mg_3(VO_4)_2$	黄色

编号	样品	发光颜色
12	$Zn_3(VO_4)_2$	黄色
13	$BiMg_2VO_6$	红色
14	$KVOF_4$	红色
15	$BiCaVO_5$	黄绿色
16	$BiMgVO_5$	红色
17	$Sr_3(VO_4)_2$	天蓝色

钒酸盐的发光原理可以总结为以下两种：一种是钒酸盐的本征发光，另一种是钒酸盐掺杂稀土离子后实现上转换和下转换的发光。其中，钒酸盐通过掺杂 Yb^{3+}、Tm^{3+} 等稀土离子可以实现上转换发光材料；同样，钒酸盐通过掺杂 Eu^{3+}、Dy^{3+} 等稀土离子可以实现下转换发光材料。

偏钒酸盐荧光粉是钒酸盐荧光粉大家族中的重要组成部分之一，而碱金属中金属铷、铯与偏钒酸盐形成的荧光粉中由一种钒元素的离子（V^{5+}）与氧元素的离子（O^{2-}）组成 V^{5+}-O^{2-} 电荷转移带。且这种电荷转移带的光谱宽、吸收强度大，发射光的波长范围在 $400\sim700$ nm 之间，H. Gobrecht 等人首次发现并研究了这种偏钒酸盐，后将其公之于众。在高发光效率和低制备温度方面优于稀土钒酸盐等其他种类荧光粉。B. V. Slobodin 等用溶胶凝胶-pechini 法合成了碱金属偏钒酸盐 $RbVO_3$、$CsVO_3$，结论表明钒酸盐综合发射强度最高且具有正交晶系结构。2009 年，Nakajima 团队对偏钒酸盐的研究有了突破性进展，报道了 AVO_3 荧光粉是一种优良的宽紫外光激发单组分白光荧光粉并首先制备出了 $CsVO_3$ 荧光材料。2015 年 Nakajima 等采用水热法合成了 $CsVO_3$ 纳米纤维并探究了相的形成、光致发光激发和发射光谱以及量子效率等发光特性。

石榴石型钒酸盐具有最简单的立方对称晶体结构和灵活多变的化学组成，其一般化学通式为 $X_3Y_2V_3O_{12}$。其中，X、Y、V 为不同位置的对称阳离子，通常由交替隔离的［VO_4］四面体和［YO_6］八面体通过共享 O 原子而形成一个三维框架，在框架外的空腔内形成一个［XO_8］十二面体。十二面体中 X 的位置一般是碱金属离子 Li^+、Na^+、K^+、Cs^+，碱土金属离子 Mg^{2+}、Ca^{2+}、Sr^{2+}、Ba^{2+} 及稀土离子 Y^{3+}、Gd^{3+}，八面体 Y 的位置则主要由 Mg^{2+}、Zn^{2+}组成。除了一些常见的金属离子外，X 的位置也可以由过渡金属离子组成，如 Ag^+离子。

　　近年来，人们发现通过掺杂可以调控荧光材料的光学性能，关于掺杂稀土与非稀土离子对荧光材料发光性能的研究越来越受到人们的广泛重视。2011 年宫丽等采用了基于密度泛函理论第一性原理的方法，研究了 Ta 掺杂 ZnO 的光学性质，结果表明，随着 Ta 掺杂浓度的增加（6.25%~18.75%），介电函数、吸收系数均有明显变化，由于禁带宽度变小产生了吸收边红移现象。2018 年姚子凤等采用固相法制备了 $Y_{0.75}Bi_{0.15}Sm_{0.10}VO_4$：$y$Nb（$0 \leqslant y \leqslant 0.12$）荧光粉，且研究了其光学性能。实验数据显示，Nb 离子具有取代 VO_3^- 中的部分 V^{5+} 的效果。取代后的空间结构中，氧元素存在的结构空置位具有提升能量转移速率的敏化效应。同时，不同离子的离子半径存在很大不同，引入掺杂离子后，晶体的对称性有所减少，一定程度上使得 $Sm^{3+}4f \rightarrow 4f$ 跃迁的可能性增大，能量转移得到提升。同时，荧光粉的发光性能与稳定性等宏观性质均有不同程度的提升。2015 年 Huo 等采用高温固相法合成了一系列 $YTa_{1-x}Nb_xO_4$（$x=0~1.00$）样品，结论是掺杂 Nb^{5+} 可以对材料的长余辉发光颜色和光致发光进行调节并且使 Eu^{3+} 的发光强度得到极大的提高。以上研究为 Nb^{5+}、Ta^{5+} 掺杂的荧光材料产生波长红移和量子效率提高提供了实验支撑。

　　以研发具有高效率和良好热稳定性的以 $(VO_4)^{3-}$ 基团为热稳定宿主发光中心的新型钒酸盐发光材料以及获取影响钒酸盐热稳定性的关键因素为主要研究目标。通过热宿主中阳离子之间半径的差异、价荷的不平衡以及非化学计量置换等调制手段，调控热宿主的基质刚性以及发光 $(VO_4)^{3-}$ 基团的畸变程度提高荧光材料的发光效率；另一方面通过减少非辐射弛豫过程来抑制光离效应（photoionization effect），提高材料的热稳定性能，使钒酸盐发光材料可应用于 WLED，并最终实现发光效率和热稳定性能的提升。在此过程中，揭示阳离子之间的"无序效应"（cation disorder）导致发光基团发生畸变偏离 T_d 对称性的本质以及稳定热宿主与畸变 $(VO_4)^{3-}$ 发光基团的相互作用对晶体内部的激子扩散率、量子效率以及非辐射跃迁的概率的影响机理以及内在必然联系，获得稳定热宿主的刚性和 $(VO_4)^{3-}$ 基团畸变程度以及发光基团与稳定热宿主之间的相互作用提升发光效率、热稳定性的共性规律及关键技术，推动 WLED 用新型钒酸盐为代表的钒酸盐发光材料在高品质、健康照明光源领域的应用，从而促进半导体固态照明技术的进步和发展。

2 实 验 部 分

2.1 主 要 试 剂

本书样品制备所使用的试剂见表 2-1。

表 2-1 实验主要试剂

化学式	产 地	纯度/%	相对分子质量
ZnO	阿拉丁化学试剂有限公司	99.9	81.39
NH_4VO_3	阿拉丁化学试剂有限公司	99.9	116.98
CaF_2	阿拉丁化学试剂有限公司	99.9	78.07
Cs_2CO_3	阿拉丁化学试剂有限公司	99.9	325.82
MgO	阿拉丁化学试剂有限公司	99.9	43.30
$CaCO_3$	阿拉丁化学试剂有限公司	99.9	100.09
Nb_2O_5	阿拉丁化学试剂有限公司	99.9	265.81
Ta_2O_5	阿拉丁化学试剂有限公司	99.9	441.89

2.2 主要表征仪器

本书实验主要表征仪器见表 2-2。

表 2-2 实验主要表征仪器

名 称	型 号	来 源
X 射线衍射仪	DX-2700BH	丹东浩元仪器有限公司
荧光分光光度计	Spectrofluorometer FLS 1000	英国爱丁堡公司
	Spectrofluorometer FS5	

2.3　测试与表征

2.3.1　X 射线衍射分析

　　X 射线是一种波长范围为 0.001~100 nm 的电磁波，可以通过对晶体进行衍射分析来判定物相结构。单色 X 射线照射到原子排列规则的晶体时，与原子散射的 X 射线干涉，产生衍射现象。不同晶面的衍射角满足 Bragg 方程：$2d\sin\theta = k\lambda$。在 X 射线的波长 λ 一定的情况下，晶格间距 d 与射线入射角 θ 的正弦值成反比。不同的材料具有的晶胞的形态是各异的，具体情况都会表现在 XRD 图谱中。

2.3.2　荧光光谱分析

　　由于荧光物质可以被多种方式激发，因此本书为了探究荧光材料的光致发光性能，采用氙灯作为光源进行发光性能测试。检测的荧光光谱为激发光谱和发射光谱，分别表示荧光粉发光的通量和能量随波长的变化，并通过检测器检测荧光强度并记录获得光谱曲线。值得注意的是测试的样品需保持相同的厚度，同一组样品需保持相同的测试参数。测试时可以辅以滤波片来避免倍频峰的干扰。

2.3.3　发光热稳定分析

　　荧光粉位于 LED 灯具的内部，而灯具的工作温度很高，环境温度也经常发生变化。因此，发光材料的热稳定性衡量材料的性能具有实际意义，仪器测试样品的发光强度与温度改变之间的关系，可表征材料的性能。当材料所处的环境中温度升高时，晶体内部的晶格会受到温度影响而振动加剧，这时的发光强度会受到影响。同时，发光中心所处的物理环境也会发生变化，这两种都会引起热猝灭现象发生。本书采用的荧光光谱仪外接加温设备的方式控制环境温度，获得不同温度条件下的发光曲线用以评估热稳定性。

3 Nb@Ta 离子掺杂对 CsVO₃ 发光材料的开发研究

3.1 引　言

光质转换白光发光二极管（pc-WLED）以其节能、低成本、高效率、颜色可调、耐用、环保等优异性能成为新一代固态照明光源。最常见的 pc-WLED 由蓝色或近紫外 LED 芯片和稀土（RE）掺杂荧光粉或产生白光发射的三色荧光粉组成。通常，传统荧光粉的发光性能可通过调整稀土元素的晶格来有效控制，如 $LaSiO_2N$：Eu，$NaY_9(SiO_4)_6O_2$：Sm^{3+}，$SrLu_2O_4$：Ce^{3+}。然而，稀土离子的成本和可持续性问题限制了它们的进一步应用。因此，无稀土荧光粉已被提出并被研究作为照明领域的替代方案。钒酸盐荧光粉源于 VO_4 基团的电荷转移（CT），是一种理想的无稀土荧光粉，具有较高的发光效率和显色性，自 1957 年首次制备，并作为碱金属钒酸盐发光材料引起了广泛的关注。

作为固态光源，$CsVO_3$ 材料的发光光谱在 380 ~ 800 nm 范围内宽带发射，由于具有 T_d 对称的四面体 VO_4 的电荷转移跃迁，具有较强的宽带发射强度。此外，Nakajima 等报道，通过简单的水辅助固相反应制备的 $CsVO_3$ 荧光粉在 345 nm 激发下表现出优异的发射性能，这是因为在水存在下，最临近的 A—V（A = 碱性金属离子）键长增加。当激发波长超过 365 nm 时，$CsVO_3$ 材料的内部量子效率迅速下降。此外，随着温度的升高，$CsVO_3$ 荧光粉的发光强度逐渐降低，极大地影响了光输出，限制了白光 LED 的应用。因此，有必要提高发射强度和热稳定性。通常，当在 V^{5+} 位点上发生离子置换使 VO_4 四面体发生一定的畸变，禁止的辐射跃迁过程得到了部分允许。Seo 等通过将 Mo^{6+} 取代为 V^{5+}，减缓了 $NaMg_2V_3O_{12}$ 的光学性质。具有较大结构畸变的取代可以提高材料的发光稳定性和热稳定性。

因此，通过简单的固相反应，掺杂不同浓度的 Ta、Nb（R_{Ta}、$R_{Nb} > R_V$）离子，并调整晶体生长方向，来探索 $CsVO_3$ 荧光粉的热发光性能，从而提高 $CsVO_3$ 荧光粉的光学性能。

3.2　Nb@Ta 离子掺杂对 CsVO₃ 发光材料的开发研究实验

以 Cs_2CO_3(99.99%，Aladdin)、NH_4VO_3(99.99%，Aladdin)、Ta_2O_5(99.99%，Aladdin)、Nb_2O_5(99.99%，Aladdin) 为原料，采用固相反应法制备了 $CsV_{1-x}O_3$：xTa@Nb(0≤x≤0.30) 粉末样品。将 $Cs : V : Ta@Nb = 1.05 : 1-x : x$ 的起始试剂倒入清洗干净的玛瑙砂浆中，用 20 mL 乙醇研磨 30 min。然后将均质试剂磨碎并彻底压入 300 ℃预热 6 h 的 Al_2O_3 坩埚中，再在 450 ℃空气中加热 6 h。当冷却至室温时，收集制备的粉末进行进一步测试。

用 Rigaku D/Max-2400 型 X 射线衍射仪（XRD）对 $CsVO_3$ 颗粒进行了物相分析，并在 10°~80°范围内扫描了 Ni 滤波后的 Cu Kα 辐射（40 kV 和 40 mA）。采用 GSAS 包软件进行 XRD Rietveld 细化。用扫描电镜（SEM，S4800）观察样品的表面形貌。利用配备氙灯、单色器或背照多通道电荷耦合器件光电探测器的光谱仪（PL-1039，Horiba Jobin Yvon，FLS1000）对样品的光致发光激发（PLE）光谱、光致发光（PL）和量子间效率（IQE）进行了评价。

3.3　结果与讨论

3.3.1　CsV₁₋ₓO₃：xNb⁵⁺系列样品性能研究

3.3.1.1　物相分析

图 3-1 为 $CsV_{1-x}Nb_xO_3$ 系列样品的 X 射线衍射图，从图中可见，当 Nb 的掺杂浓度为 0 时，对应于正交晶体结构的 $CsVO_3$(PDF#00-033-0381)，其正交空间结构的晶体学常数 $\alpha=\beta=\gamma=90°$；$a=5.4027(5)\times10^{-10}$ m，$b=12.2729(8)\times10^{-10}$ m，$c=5.7986(4)\times10^{-10}$ m，并且无明显的杂质峰。随着 Nb 的掺杂浓度的增加，附近的（040）晶面的峰强度降低，附近的（121）晶面峰强度增加，当 Nb 的掺杂浓度增加到 0.1 时，趋于稳定，该晶体归属于正交晶系的 $CsVO_3$(PDF#00-070-0680，空间群（57），$a=5.393\times10^{-10}$ m，$b=12.249\times10^{-10}$ m，$c=5.786\times10^{-10}$ m），晶体生长

方向的改变归因于 Nb 的掺杂晶体内部结构的变化。

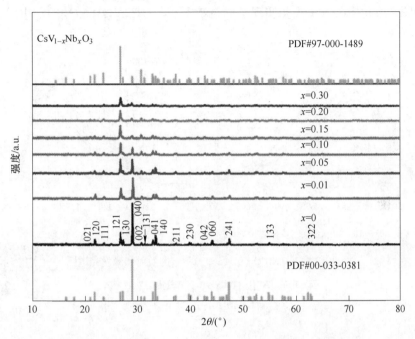

图 3-1　$CsV_{1-x}Nb_xO_3(0 \leqslant x \leqslant 0.3)$ 荧光粉的 X 射线衍射图谱

3.3.1.2　发光性能分析

$CsV_{1-x}Nb_xO_3$ 样品的发射光谱与激发光谱如图 3-2（a）和（b）所示。由图可知，激发峰主要位于 369 nm 处，369 nm 为有效的激发波长，可以与紫外/近紫外芯片良好匹配，在 369 nm 的激发下，样品在 400~750 nm 范围内呈现强宽带发射，其发射最佳波长在 525 nm。监测 525 nm 的激发光谱，波长范围为 200~450 nm，结果显示 $CsV_{1-x}Nb_xO_3$ 样品呈现宽吸收带。与未掺杂相比发射光谱峰形变化不大。此外，随着 Nb^{5+} 掺杂浓度的增加，强度先增大再减小，Nb^{5+} 较好的掺杂量为 0.05。

3.3.1.3　量子效率与热稳定性分析

图 3-3（a）和（b）分别为 $CsVO_3$ 基质和掺杂 $0.05Nb^{5+}$ 的量子效率图，在最佳激发波长 369 nm 的激发下发射光谱范围为 300~800 nm。如图所示，$CsVO_3$ 基质的量子效率为 42.93%，当掺杂不同浓度的 Nb^{5+} 离子时，样品的发射强度呈现

不同程度的提高，掺杂 0.05Nb⁵⁺时，发射强度达到最大此时对应的量子效率为 43.46%。因此掺杂 Nb⁵⁺离子实现了提高基质发光强度和量子效率的作用。

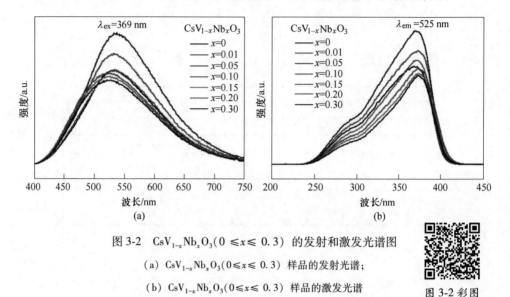

图 3-2　$CsV_{1-x}Nb_xO_3(0 \leqslant x \leqslant 0.3)$ 的发射和激发光谱图

（a）$CsV_{1-x}Nb_xO_3(0 \leqslant x \leqslant 0.3)$ 样品的发射光谱；

（b）$CsV_{1-x}Nb_xO_3(0 \leqslant x \leqslant 0.3)$ 样品的激发光谱

图 3-2 彩图

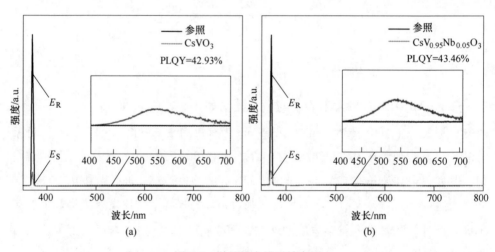

图 3-3　样品的内量子效率图

（a）$CsVO_3$；（b）$CsV_{0.95}Nb_{0.05}O_3$ 的内量子效率图

热稳定性是表征荧光粉发光性能的重要参数之一，图 3-4（a）和（b）分别为 $CsVO_3$ 基质和 $CsV_{0.95}Nb_{0.05}O_3$ 的热稳定性光谱图，测试结果显示，当温度从 20 ℃升高到 230 ℃时，$CsV_{0.95}Nb_{0.05}O_3$ 荧光粉的热稳定性逐渐降低。当温度升高到 150 ℃时 $CsV_{0.95}Nb_{0.05}O_3$ 荧光粉发光强度相比于室温（20 ℃）下保持率为 70.06%，稍低于 $CsVO_3$(81.12%) 基质材料（图 3-12 (a)）。

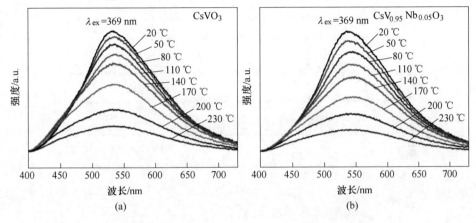

图 3-4　$CsVO_3$ 和 $CsV_{0.95}Nb_{0.05}O_3$ 的热稳定性光谱图
（a）$CsVO_3$ 的温度猝灭图；（b）$CsV_{0.95}Nb_{0.05}O_3$ 的温度猝灭图

3.3.2　$CsV_{1-x}O_3$：xTa^{5+} 系列样品性能研究

3.3.2.1　物相分析

在 450 ℃制备的 $CsV_{1-x}Ta_xO_3$ 系列样品使用 X 射线衍射仪进行物相结构分析。设置工作电压 40 kV，起止角度 10°~80°，步进角度 0.02°，采样时间 0.1 s，在该条件下制备的 $CsV_{1-x}Ta_xO_3$ 系列样品的 XRD 图如图 3-5 (a) 所示，当掺杂离子浓度为 0 时，经过低温煅烧后生成的产物结晶性良好，与 $CsVO_3$(PDF#70-0680) 空间群：PBCM(57)，$a=5.393\times10^{-10}$ m，$b=12.249\times10^{-10}$ m，$c=5.786\times10^{-10}$ m，$V=382.2\times10^{-30}$ m³匹配良好，并且无杂质峰的出现。当 Ta^{5+} 浓度提升到 0.05 时开始有少量杂质出现，杂质为 Ta_2O_5，并随着掺杂浓度的增加，杂质峰强度增高。有趣的是，随着钽（Ta）掺杂浓度的增加，指向 (040) 晶体面的衍射峰强度降低，而指向 (121) 晶体面的衍射峰强度增加，直到钽含量达到 10%。根据 Sun 的工作结论，晶体衍射峰强度的差异来源于不同 Cs/V 摩尔比在退火过程中的取向生长，并通过溶解-再结晶实验得到了证实。Ta^{5+} 离子的掺杂可以有效地提高 $CsVO_3$ 晶体中的 Cs/V 摩尔比，这与其他基质掺杂 Ta^{5+} 的现象一致。

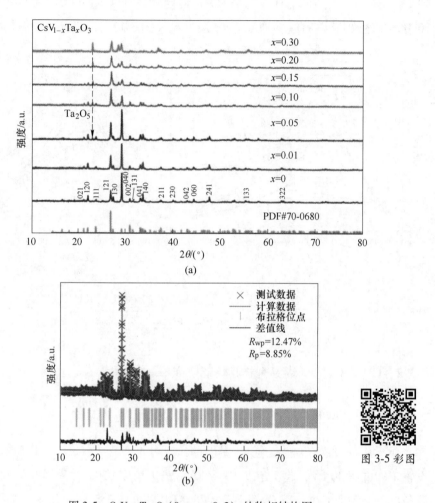

图 3-5　CsV₁₋ₓTaₓO₃(0≤x≤ 0.3) 的物相结构图

（a）CsV₁₋ₓTaₓO₃(0≤x≤ 0.3) 样品的 X 射线衍射图谱；（b）CsV₀.₉Ta₀.₁O₃ 衍射精修图

　　图 3-5（b）为基质 CsV₀.₉Ta₀.₁O₃ 衍射精修图，残留因子 R_p = 8.85%，R_{wp} = 12.47%，表明精化结果可靠，对应的晶胞参数如表 3-1 所示。CsV₀.₉Ta₀.₁O₃ 的晶胞结构如图 3-6 所示，CsV₀.₉Ta₀.₁O₃ 的晶胞结构为正交辉石结构，由一维 VO₄ 链沿 a 轴与两个氧原子和 Cs⁺阳离子层共角交替堆叠而成。CsVO₃ 的 VO₄ 四面体沿 VO₄ 链相互作用强烈。晶体学数据表明，由于 Ta⁵⁺和 V⁵⁺离子的离子半径和配位环境不同，Ta⁵⁺离子部分取代 V⁵⁺离子会在一定程度上引起 VO₄ 四面体的变形。

表 3-1 基质 $CsV_{0.9}Ta_{0.1}O_3$ 的晶胞参数

化学式	$CsVO_3$
空间群	Pbcm(57)
a/m	$5.4027(5) \times 10^{-10}$
b/m	$12.2729(8) \times 10^{-10}$
c/m	$5.7986(4) \times 10^{-10}$
$\alpha/(°)$	90
$\beta/(°)$	90
$\gamma/(°)$	90
V/m^3	$384.49(4) \times 10^{-30}$
$R_{wp}/\%$	12.47
$R_p/\%$	8.85
χ^2	2.416

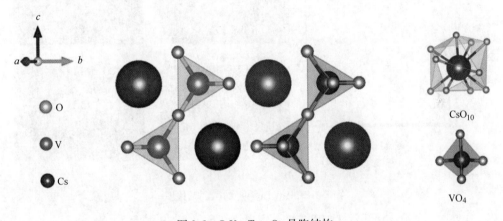

图 3-6 $CsV_{0.9}Ta_{0.1}O_3$ 晶胞结构

3.3.2.2 样品结构分析

$CsV_{0.9}Ta_{0.1}O_3$ 的扫描电镜（SEM）图如图 3-7 所示，从图 3-7（a）和（b）中可以看出，样品是微观颗粒的聚集体，颗粒尺寸为 $2\sim3$ μm，表面光滑，晶体的形貌与未掺杂 Ta^{5+} 离子的晶体（图 3-8（a）和（b））形貌差异不明显。通过 EDS 分析检测元素成分，$CsV_{0.9}Ta_{0.1}O_3$ 在晶格中显示 V、Cs、O 和 Ta 的信号（图 3-7（c）），而 $CsVO_3$ 在晶格中显示 V、Cs 和 O 的信号（图 3-8（c）），都未检测到其他元素，并且 $CsV_{0.9}Ta_{0.1}O_3$ 和 $CsVO_3$ 的所有元素都能均匀地分布在样品内部（图 3-7（d）~（h），图 3-8（d）~（h））。表 3-2 为 $CsV_{0.9}Ta_{0.1}O_3$ 和 $CsVO_3$ 晶体中各元素的原子数占总数的比率，结果显示，当 Ta^{5+} 增加到 10% 时，Cs 原子的原子率由 18.91% 增加到 25.97%，并且 V 原子的原子率也由 21.07% 增加到 26.61%，归因于 Ta^{5+} 的掺杂提高了 Cs、V 原子在晶体中的分散率，导致其晶体内衍射峰强度发生部分变化。

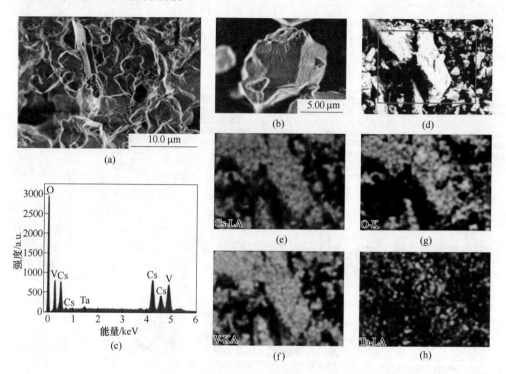

图 3-7　$CsV_{0.9}Ta_{0.1}O_3$ 的微观结构图

（a）（b）$CsV_{0.9}Ta_{0.1}O_3$ 的扫描电镜图；（c）$CsV_{0.9}Ta_{0.1}O_3$ 的 EDS 能谱；

（d）~（h）$CsV_{0.9}Ta_{0.1}O_3$ 元素映射图

表 3-2　$CsV_{0.9}Ta_{0.1}O_3$ 和 $CsVO_3$ 晶体中各元素的原子数占总数的比率

$CsV_{0.9}Ta_{0.1}O_3$	原子数分数/%	$CsVO_3$	原子数分数/%
Cs	25.97	Cs	18.91
V	26.61	V	21.07
O	47.25	O	60.02
Ta	0.16	Ta	0
总计	100	总计	100

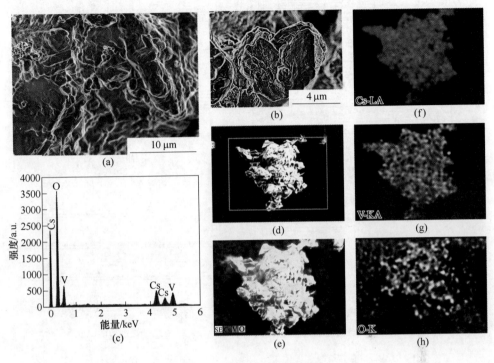

图 3-8　CsVO₃ 的微观结构图

（a）（b）CsVO₃ 的扫描电镜图；（c）CsVO₃ 的 EDS 能谱；（d）~（h）CsVO₃ 元素映射图

3.3.2.3　制备样品的电子结构

基于离散傅里叶变换模拟了制备样品的能带结构和态密度。如图 3-9（a）所示，CsVO₃ 晶体的间接带隙为 3.63 eV，而 CsV₀.₉Ta₀.₁O₃ 的带隙为 2.68 eV（图 3-9（c））。价带顶部几乎全部由 O-2p 轨道组成，导带底部主要由 V-3d 轨道组成。当 Ta⁵⁺ 含量达到 0.10 时，Cs 的 4d 态消失，CsV₀.₉Ta₀.₁O₃ 的导带受到 Cs 的 5p 态和 V 的 3d 态的影响。

所得样品的能带能（E_g）可用 Tauc 公式 $\alpha h\nu \propto (h\nu - E_g)^k$ 计算得到，其中 α 为吸光度，ν 为频率，h 为普朗克常数，k 为跃迁性质，$k = 1/2$ 或 $k = 2$ 分别与电子的跃迁类型有关。图 3-10（a）和（b）在 $k = 1/2$ 处呈线性关系，表明样品为本征间接跃迁。CsVO₃ 间接跃迁的能带能为 3.37 eV，而 CsV₀.₉Ta₀.₁O₃ 的能带能较低，为 3.02 eV，两者趋势相似，与理论计算数据接近。

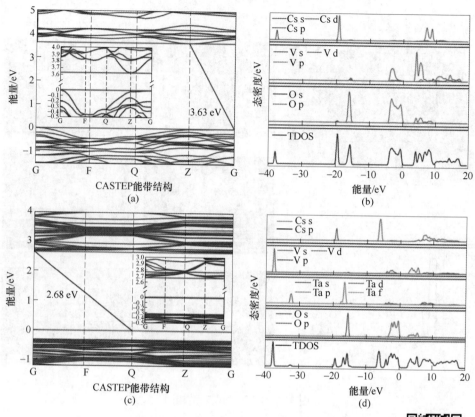

图 3-9　样品计算的能带结构及计算的态密度图

（a） CsVO₃ 的能带结构；（b） CsVO₃ 的 DOS 和 PDOS；（c） CsV$_{0.9}$Ta$_{0.1}$O₃ 的能带结构；（d） CsV$_{0.9}$Ta$_{0.1}$O₃ 的 DOS 和 PDOS

图 3-9 彩图

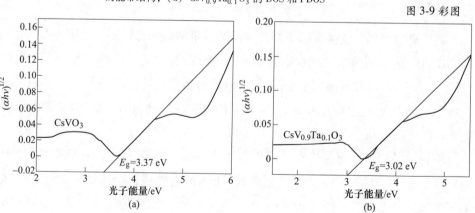

图 3-10　样品的能带能的代表性估计

（a） CsVO₃；（b） CsV$_{0.9}$Ta$_{0.1}$O₃

3.3.2.4 制备样品的发光性能

$CsV_{0.9}Ta_{0.1}O_3（0 \leqslant x \leqslant 0.30）$ 系列样品的激发光谱（PLE）和发射光谱（PL）如图 3-11（a）（b）（d）（e）所示。图 3-11（a）和（b）中的一系列激发光谱在 200~450 nm 范围内呈现出几乎相同的轮廓，对应于 VO_4 基团的光吸收，最佳激发波长为 369 nm。随着 Ta^{5+} 离子掺杂量的增加，最佳激发波长从 369 nm 红移到 375 nm，如图 3-11（b）所示。未掺杂 Ta 离子的 $CsVO_3$ 荧光粉的激发光谱可以与两个以 322 nm 和 369 nm 为激发中心的高斯峰很好地拟合（图 3-11（c））。而 $CsV_{0.9}Ta_{0.1}O_3$ 荧光粉的激发峰可以拟合到以 330 nm 和 373 nm 为中心的两个高斯峰上（图 3-11（f））。拟合的激发高斯峰分别归属于 VO_4 四面体中 $^1A_1 \rightarrow {}^1T_2$ 和 $^1A_1 \rightarrow {}^1T_1$ 的自旋跃迁。结果表明，$CsVO_3$ 的激发峰的最大半峰宽度（FWHM）值约为 81 nm（表 3-3）大于掺杂 Ta^{5+} 的系列样品的半峰宽。表 3-3 显示，当掺杂浓度从 0 增加到 0.30 时，FWHM 值从 81 nm 逐渐减小到 46 nm。较窄的 FWHM 有利于荧光粉获得较高的热稳定性，利于材料在发光领域的应用。在 365 nm 的紫外激发下，$CsV_{1-x}Ta_xO_3（x = 0 \sim 0.30）$ 荧光粉呈现宽带发射，发射光谱的波长范围为 400 ~ 700 nm（图 3-10（d）和（e）），归因于 $[VO_4]^{3-}$ 基团中的 $^3T_1 \rightarrow {}^1A_1$ 和 $^3T_2 \rightarrow {}^1A_1$ 跃迁。$CsV_{0.9}Ta_{0.1}O_3$ 的发射的高斯拟合峰显示（图 3-10（f）），$^3T_2$ 态和 $^3T_1$ 态之间能量差较小（约 0.06 eV），两个发射光谱峰相互重叠，肉眼几乎无法分辨。值得注意的是，当 Ta^{5+} 离子掺杂量从 0 增加到 0.10 时，发射强度逐步增加。样品发射强度的增加归因于 Ta^{5+} 离子与 V^{5+} 离子半径的差异导致了 VO_4 四面体发光基团的变形，根据自旋截面规则，VO_4 四面体对称性的降低致使自旋禁阻跃迁得到部分允许。当 Ta^{5+} 离子掺杂量达到 0.1 时，$CsV_{0.9}Ta_{0.1}O_3$ 样品的发射强度达到最大，是 $CsVO_3$ 样品发射强度的 1.39 倍。而当 Ta^{5+} 离子含量超过 0.10 时，样品的发射强度开始下降，这是由 Ta^{5+} 离子的增加使 VO_4 发光中心的数量减少所致。

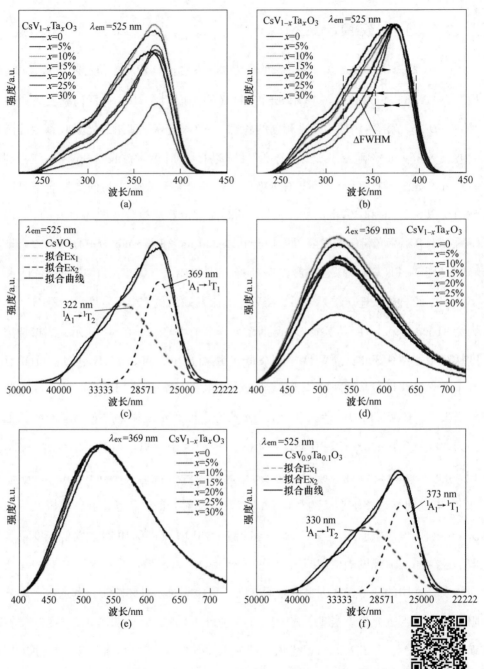

图 3-11　CsV$_{1-x}$Ta$_x$O$_3$（$x=0\sim0.30$）样品的激发和发射光谱图

（a）（b）系列样品的激发光谱和归一化激发光谱；（c）CsVO₃ 样品的激发光谱的高斯拟合图；

（d）（e）系列样品的发射光谱和归一化发射光谱；（f）CsV$_{0.9}$Ta$_{0.1}$O$_3$ 样品的发射光谱的高斯拟合图

图 3-11 彩图

表 3-3 $CsV_{1-x}Ta_xO_3(0 \leqslant x \leqslant 0.30)$ 系列样品的激发光谱最大半峰宽

$CsV_{1-x}Ta_xO_3$	FWHM/nm	ΔFWHM/nm
$x = 0.00$	81	0
$x = 0.01$	80	1
$x = 0.05$	77	4
$x = 0.10$	76	5
$x = 0.15$	67	14
$x = 0.20$	66	15
$x = 0.25$	56	25
$x = 0.30$	46	35

3.3.2.5 制备样品的内部量子效率（IQE）

内量子效率（IQE）是评价合成荧光粉在 LED 器件中适用性的重要因素，其近似计算公式为：

$$\eta = \frac{\int L_S}{\int E_R - \int E_S} \times 100\% \tag{3-1}$$

式中，η 为制备样品的内部量子效率（IQE）；L_S 为样品的发射光谱能量；E_R 和 E_S 分别为样品和参考 $BaSO_4$ 样品的激发光谱能量。如图 3-12（a）（b）所示，$CsV_{0.9}Ta_{0.1}O_3$ 的内量子效率为 60.49%，是未掺杂 $CsVO_3$ 的 1.5 倍。也比其他钒酸盐高很多，如 $Zn_3V_2O_8$(IQE：52%)，$KCa_2Mg_2V_3O_{12}$(IQE：41%)，$Ca_2KZn_2(VO_4)_3$(IQE：19.2%)，$Ca_5Zn_4(VO_4)_6$(IQE：41.6%)。

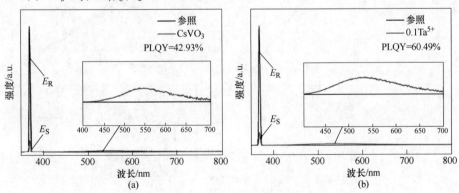

图 3-12 样品的内量子效率图

（a）$CsVO_3$；（b）$CsV_{0.9}Ta_{0.1}O_3$

3.3.2.6　制备样品的热稳定性

在白光 LED 器件的实际应用中，发光材料的热稳定性是影响其性能的关键因素，因此分别对 $CsVO_3$ 和 $CsV_{0.9}Ta_{0.1}O_3$ 样品进行热稳定性测试，测试结果如图 3-13（a）~（c）显示，当温度升高到 140 ℃时，$CsVO_3$ 和 $CsV_{0.9}Ta_{0.1}O_3$ 在 525 nm 处的发射峰强度都呈现下降趋势，与室温初始强度相比，其热稳定性的保持率分别为 81.12% 和 75.57%，远远高于其他钒酸盐发光材料的热稳定性。$Zn_3V_2O_8$ 在 150 ℃时的相对发射峰强度约为室温时的 72%。$RbVO_3$ 在 150 ℃时的发射强度约

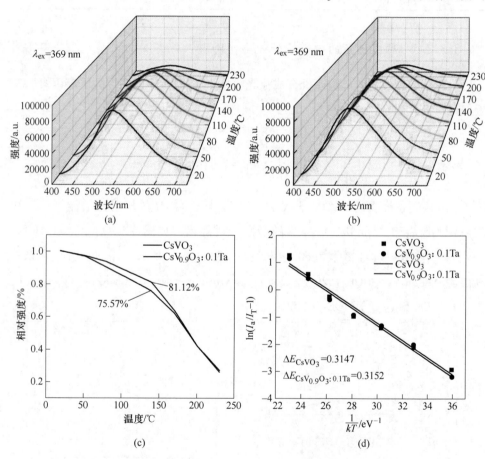

图 3-13　$CsVO_3$ 和 $CsV_{0.9}Ta_{0.1}O_3$ 的热稳定性性能图

（a）$CsVO_3$ 随温度变化的发射光谱图；（b）$CsV_{0.9}Ta_{0.1}O_3$ 随温度变化的发射光谱图；

（c）$CsVO_3$ 与 $CsV_{0.9}Ta_{0.1}O_3$ 热降解行为比较图；（d）$\ln(I_0/I_T-1)$ 与 $1/(kT)$ 的曲线图

为室温时的 62%。Cs/Ca 取代 Na/Mg 使 $Na_{0.95}Cs_{0.05}Mg_{3.8}Ca_{0.2}(VO_4)_3$ 在 140 ℃ 时的热稳定性提高到 20 ℃ 时的 60% 左右。当温度达到 150 ℃ 时，$KCa_2Mg_2V_3O_{12}$ 的发射强度下降到 30 ℃ 时的 20%。

随着温度的升高，发射强度明显降低，主要归因于非辐射声子在较高能级上通过构型坐标图中激发态与基态的交点发生弛豫，导致发射强度发生猝灭。发光材料热稳定性的高低主要取决于活化能 ΔE 的大小，一般情况下，活化能高则材料热稳定性高，反之，热稳定性低，活化能 ΔE 的大小由传统的 Arrhenius 方程测量得到：

$$I_T = \frac{I_0}{1 + A\exp\left(-\dfrac{\Delta E}{kT}\right)} \tag{3-2}$$

式中，I_0 和 I_T 分别为荧光粉在初始温度和不同给定温度 T 下的发射强度；k 和 A 为常数；热猝灭活化能 ΔE 可由 $\ln(I_0/I_T-1)$ 与 $1/(kT)$ 曲线的斜率拟合成直线。

值得注意的是，活化能的高低影响光子非辐射跃迁概率，根据式（3-3）所得，活化能越高，非辐射跃迁概率越小。

$$\alpha \doteq s \cdot \exp\left(-\frac{\Delta E}{kT}\right) \tag{3-3}$$

式中，α 为单位时间内非辐射跃迁的概率；s 为频率因子，s^{-1}；k 为玻耳兹曼常量；T 为温度。

通过公式（3-2）中 $\ln(I_0/I_T-1)$ 与 $1/(kT)$ 拟合曲线的斜率可计算出 $CsVO_3$ 和 $CsV_{0.9}Ta_{0.1}O_3$ 的活化能分别为 0.3147 eV 和 0.3152 eV，如图 3-13（d）所示。随着温度的升高，$CsVO_3$ 和 $CsV_{0.9}Ta_{0.1}O_3$ 较高的活化能保证了较小的发射损失。$CsV_{0.9}Ta_{0.1}O_3$ 的非辐射跃迁概率较低，表明其具有较高的热稳定性。

3.3.2.7 制备的色坐标及其在 LED 上的应用

$CsV_{1-x}Ta_xO_3(x=0\sim0.20)$ 发射光谱协调的 CIE 色度图如图 3-14（a）所示，所制备的荧光粉均位于绿色区域，插入的数字图像显示 CIE 色度坐标。随着 Ta^{5+} 含量的增加，CIE 坐标无明显偏移，表现出明显的发光稳定性，$CsV_{0.9}Ta_{0.1}O_3$ 黄色荧光粉在 365 nm 紫外灯下激发出亮绿色发光，色坐标（$x=0.3263$，$y=0.4417$）如图 3-14 插图所示。

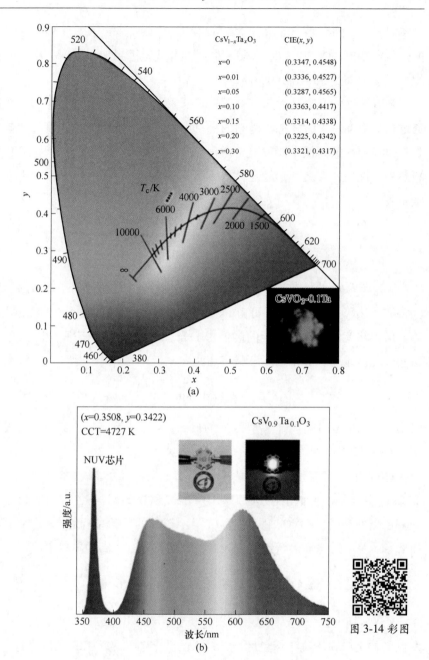

图 3-14 $CsV_{1-x}Ta_xO_3(x=0\sim0.30)$ 的色度图及 LED 的应用

（a）荧光粉的 CIE 坐标和 $CsV_{1-x}Ta_xO_3$ 的颜色；（b）蓝光（$BaMgAl_{10}O_{17}$：Eu^{2+}）、绿色（$CsV_{1-x}Ta_xO_3$）

和红色（$CaAlSiN_3$：Eu^{2+}）荧光粉在 UV 芯片（$\lambda=365$ nm）驱动下制备的 WLED 的照片和电致发光光谱

3.4　结　　论

综上所述，采用固相反应法成功合成了近紫外激发的 $CsV_{1-x}Ta_xO_3$（$x = 0 \sim 0.30$）荧光粉。XRD 分析表明，与基体相比，（121）晶面的生长速度要快于（040）晶面，这可能是由于 V^{5+} 和 Ta^{5+} 的离子半径的差异导致晶面生长速度的不同。在 375 nm 处激发的绿光 $CsV_{0.9}Ta_{0.1}O_3$ 荧光体的发射强度是宿主发射强度的 1.39 倍，最高峰处的内量子效率为 60.49%，是未掺杂 $CsVO_3$ 的近 1.5 倍。此外，温度依赖性发射光谱表明，$CsV_{1-x}Ta_xO_3$ 具有较高的活化能（ΔE），为 0.3152 eV，具有良好的热稳定性。

4 Ta^{5+} 掺杂对 Zn$_2$V$_2$O$_7$ 荧光材料荧光性能的改性研究

4.1 引　言

　　光转化型白光 LED（WLED），由于其绿色环保、节能等显著优势已成为市场上主流的荧光转化型白光 LED，被广泛应用到室内照明显示屏、汽车照明、背光源等领域。荧光粉作为照明器件的重要组成部分，材料性能的优劣直接影响照明器件的性能，LED 芯片激发荧光粉发光一般有两种方式，蓝光芯片+黄色荧光粉和紫外芯片+红绿蓝三基色荧光粉，但第一种方式由于缺乏红光部分，使得到的白光存在色温较高、显色指数较低等缺点。所以现阶段大量科研工作者在努力开发红绿蓝三基色荧光粉，现阶段应用较多的荧光材料主要由稀土元素掺杂获得，但是由于稀土资源的珍贵性与重要性，因此发展非稀土发光材料迫在眉睫。目前人们对白光 LED 发光材料的研究主要集中在无机发光材料，如铝酸盐、硅酸盐、氮（氧）化物、钒酸盐、钨、钼酸盐，但是对钒酸盐发光材料的研究较少。钒酸盐发光材料属于基质敏化型材料，该基质在紫外区域产生较强的吸收并将能量有效地传递发射，因此钒酸盐由于其自激发发光的性质得到了广泛的关注。Zn$_2$V$_2$O$_7$ 荧光粉作为自激发材料，优势明显，其一，相比于稀土离子激发的荧光粉，钒酸盐荧光粉价格便宜，其次，钒酸盐荧光粉在低温（<600 ℃）下易得。Kuang 最早发现了宽带黄光发射荧光粉 Zn$_2$V$_2$O$_7$，低温固相法合成微米结构，颗粒聚集，表面光滑，激发波长为 340 nm，发射波长为 531 nm，Zn$_2$V$_2$O$_7$ 晶体内存在 O^{2-} 的 p 轨道和 V^{5+} 的 d 轨道的电子传输实现自激发发光。张晓明利用第一性原理分别对 Zn$_2$V$_2$O$_7$ 和 Zn$_3$V$_2$O$_8$ 建立模型，并且对模型的电子结构和光学性能进行计算，结果显示，两者对可见光的吸收较弱，对紫外-近紫外的吸收较强。Faheem K. Butt 利用草酸为螯合剂溶剂热法合成片层纳米结构的 Zn$_2$V$_2$O$_7$，并验证了该物质具有优良的荧光性能和储氢性能。但 Zn$_2$V$_2$O$_7$ 带隙窄，约为 2.540 eV，并

且量子效率低于 Zn$_3$V$_2$O$_8$。Nakajima 验证了 Zn$_3$V$_2$O$_8$ 在紫外光激发下，量子效率为 52%，但至今，Zn$_2$V$_2$O$_7$ 量子效率方面还未有介绍。2018 年姚子凤等在 680 ℃的温度下煅烧 10 h 制备了 Y$_{0.75}$Bi$_{0.15}$Sm$_{0.10}$VO$_4$：yNb（0≤y≤0.12）荧光粉，并探究掺杂离子对基质光学性能的影响，实验表明 Nb 离子可替代 YVO$_3$ 中部分 V 离子，替代产生的氧空位具有敏化作用，促进能量转移，增强荧光粉的发光性能及增强荧光粉的稳定性。因此本章拟采用固相法，利用等价离子（Ta^{5+}）掺杂的方式来提高材料 Zn$_2$V$_2$O$_7$ 的荧光性能，探究离子掺杂对 Zn$_2$V$_2$O$_7$ 材料的结构及荧光性能的影响。

4.2 Ta^{5+}掺杂对 Zn$_2$V$_2$O$_7$ 荧光材料荧光性能的改性研究实验

4.2.1 Zn$_2$V$_2$O$_7$ 制备

采用 NH$_4$VO$_3$（分析纯）、ZnO（分析纯）为原料，总量为 1 g，按照化学计量比准确称取样品，在玛瑙研钵中研磨均匀后，转入氧化铝坩埚中，并移入马弗炉，在空气条件下，缓慢升温至 300 ℃ 并保温 4 h，升温速度为 5 ℃/min，保温完成后，继续升温到 750 ℃ 并保温 6 h，反应完全后，采用 5 ℃/min 的降温速度，降温到 100 ℃后再自然冷却，收集样品以待后期测试。

4.2.2 Zn$_2$V$_2$O$_7$ 掺杂 Ta^{5+}的制备

采用 NH$_4$VO$_3$（分析纯）、ZnO（分析纯）、Ta$_2$O$_3$（分析纯）为原料，总量 1 g，Ta^{5+}的掺杂浓度（摩尔分数）分别为 0，0.01，0.03，0.05，0.07，0.10，0.20，实验过程同纯样的制备过程一致，收集样品以待后期测试。

4.2.3 样品测试

粉末 X 射线衍射仪（MSAL XD-2/3）测试样品的物相，范围为 10°~80°，步长 0.02，Cu 靶 K 射线，波长 λ=0.154 nm，测试电压为 36 kV。

荧光光谱仪（FS5-MCS）测试样品的激发和发射光谱，发射波长范围 400~800 nm，扫描速度 1200 nm/min，在室温下进行。

稳态瞬态荧光光谱仪（LFS1000）测试样品的内部量子效率，发射波长 400~800 nm，扫描速度 1 nm/s，在室温下进行。

4.3　结果与讨论

4.3.1　物相

图 4-1 是荧光粉 $Zn_2V_2O_7$ 掺杂不同浓度 Ta^{5+} 的 XRD 衍射图，从图中看出，当掺杂离子 Ta^{5+} 浓度为 0 时，经过低温煅烧后生成的产物结晶性良好，与单斜相 α-$Zn_2V_2O_7$（PDF#00-070-1532，C2/c，$a = 7.429 \times 10^{-10}$ m，$b = 8.340 \times 10^{-10}$ m，$c = 10.098 \times 10^{-10}$ m）匹配良好，并且无杂质峰的出现。当 Ta^{5+} 离子浓度提高到 0.03 时，开始有少量的杂质出现，对应于单斜相 $ZnTa_2O_6$（PDF#00-076-1826），并随着掺杂浓度的增大，杂质峰的强度增高。Ding 等研究了 $ZnTa_2O_6$ 的光催化性能，结果显示 $ZnTa_2O_6$ 晶体带隙宽度为 4.36 eV，带隙过宽，在可见光区很难发光，不会对 $Zn_2V_2O_7$ 基质发光产生影响，因此杂质浓度在可控范围内不影响基质的发光特性。

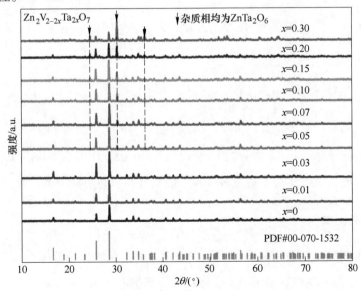

图 4-1　荧光粉 $Zn_2V_2O_7$ 掺杂不同浓度 Ta^{5+} 的 XRD 衍射图

图 4-2 为基质 α-Zn$_2$V$_2$O$_7$ 的 XRD 衍射精修图，对应的晶胞参数如表 4-1 所示，α-Zn$_2$V$_2$O$_7$ 的 XRD 的晶胞参数与精修参数匹配，并且都与文献数据一致。其晶胞结构如图 4-3 所示，α-Zn$_2$V$_2$O$_7$ 晶体是由 Zn 原子和周围的 5 个 O 原子配位，形成共享边缘扭曲的三角双金字塔链，V 原子是四配位，以共角形式与 4 个 O 原子连接形成 [V$_2$O$_7$] 基团，两个 Zn 原子给 [V$_2$O$_7$] 基团提供 4 个电子形成与 α 轴对齐的焦钒酸盐阴离子 [V$_2$O$_7$]$^{4-}$，其构象与 Mn$_2$O$_7$ 相同。

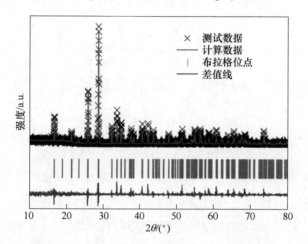

图 4-2 彩图

图 4-2 基质 α-Zn$_2$V$_2$O$_7$ 的 XRD 衍射精修图

表 4-1 基质 α-Zn$_2$V$_2$O$_7$(ZVO) 的晶胞参数

化学式	ZVO
空间群	C2/c
a/m	7.426×10^{-10}
b/m	8.317×10^{-10}
c/m	10.089×10^{-10}
α/(°)	90
β/(°)	111.352
γ/(°)	90
Z	4
V/m^3	580.489×10^{-30}
R_{wp}	14.50
R_p	9.90
χ	1.265

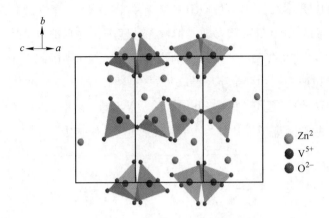

图 4-3　基质 α-Zn₂V₂O₇ 的晶胞结构图

4.3.2　荧光粉的激发光谱和发射光谱

图 4-4 为荧光粉 Zn₂V₂O₇ 掺杂不同浓度 Ta⁵⁺的激发和发射光谱图。在 329 nm 紫外光的激发下，发射峰呈现出由 400 nm 到 800 nm 的宽带发射，最佳发射峰位于 554 nm 处。激发峰在 554 nm 的监控下呈现出 200~400 nm 的宽带激发，最佳激发波长为 329 nm。图 4-4（a）和（b）显示，随着 Ta⁵⁺离子浓度的增大，荧光材料的发光强度和激发强度呈现大幅度提高，当 Ta⁵⁺离子浓度掺杂到 0.05 时，

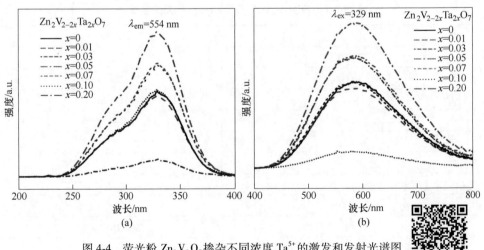

图 4-4　荧光粉 Zn₂V₂O₇ 掺杂不同浓度 Ta⁵⁺的激发和发射光谱图

（a）激发光谱图；（b）发射光谱图

图 4-4 彩图

激发强度和发射强度都达到最大，约为基质的 1.7 倍，该浓度为荧光强度的浓度猝灭点。归一化的激发光谱和发射光谱显示，在基质中掺杂 Ta^{5+} 并未导致激发和发射光谱出现明显的偏移，如图 4-5（a）和（b）所示。因此，掺杂等价离子 Ta^{5+} 导致荧光材料 $Zn_2V_2O_7$ 荧光性能大幅度提高，其归因于 $Zn_2V_2O_7$ 晶体中出现的少量杂质相与晶格畸变的协同效应。

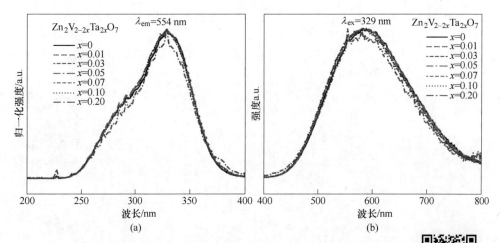

图 4-5　荧光粉 $Zn_2V_2O_7$ 掺杂不同浓度 Ta^{5+} 的归一化激发和发射光谱图

（a）激发光谱图；（b）发射光谱图

图 4-5 彩图

4.3.3　样品热稳定性

图 4-6（a）和（b）分别为 $Zn_2V_2O_7$ 基质和基质掺杂 $0.05Ta^{5+}$ 的热稳定性光谱图，从图中可以看出，随着温度的增高，样品的发射强度出现下降趋势，当温度升高到 50 ℃时，发射光谱中最高点的相对积分强度相对于室温下的积分强度分别为 83.64% 和 80.94%，如图 4-7 所示。继续增加温度，样品的相对积分强度下降趋势非常明显，但相比于基质材料，掺杂 $0.05Ta^{5+}$ 的样品其稳定性较差，这可以归因于掺杂离子 Ta^{5+} 与 V^{5+} 半径的差异产生的晶格畸变致使掺杂后的基质稳定性下降。

4.3.4　量子效率

图 4-8（a）和（b）分别为 $Zn_2V_2O_7$ 荧光粉纯样和掺杂 $0.05Ta^{5+}$ 的量子效率

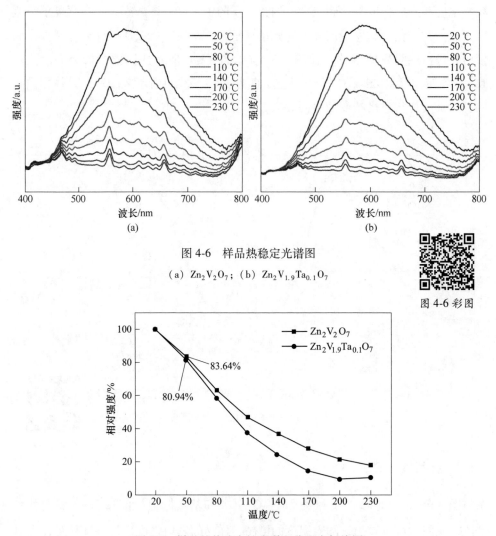

图 4-6   样品热稳定光谱图

（a）Zn$_2$V$_2$O$_7$；（b）Zn$_2$V$_{1.9}$Ta$_{0.1}$O$_7$

图 4-6 彩图

图 4-7   样品的热稳定性光谱积分强度折线图

图，在最佳激发波长 329 nm 的激发下，发射光谱范围为 300 ~ 800 nm。图 4-8（a）显示，在无掺杂离子存在时，Zn$_2$V$_2$O$_7$ 荧光粉量子效率仅为 7.74%，与相同晶体结构的 Sr$_2$V$_2$O$_7$ 接近。采用固相法在 Zn$_2$V$_2$O$_7$ 基质中掺杂不同浓度的 Ta^{5+}离子时，样品的发射强度呈现不同程度的提高，如图 4-4（b）所示，当 Ta^{5+} 离子浓度提高到 0.05 时，发射强度达到最大，此时对应的量子效率为 15.01%，约为基质材料发光强度的 2 倍，因此，掺杂等价离子实现了提高基质的发光强度和量子效率的目的。

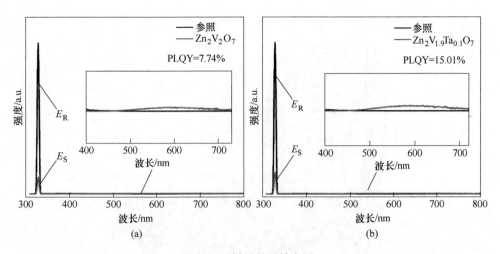

图 4-8　样品量子效率图

（a）$Zn_2V_2O_7$；（b）$Zn_2V_{1.9}Ta_{0.1}O_7$

4.3.5　色度坐标图

根据图 4-4（b）的发射光谱（$\lambda_{ex} = 329$ nm），利用 CIE1931 软件准确计算掺杂不同浓度 Ta^{5+} 的 $Zn_2V_2O_7$ 荧光粉的色度坐标图和色度坐标，从图 4-9 中可看出，$Zn_2V_2O_7$ 荧光粉的发射光谱坐落在黄光区域，对应的色度坐标为（$x = 0.4526$，$y = 0.4764$），掺杂不同浓度后，发射光谱的区域几乎无变化，对应的色度坐标也无明显变化。

4.4　结　　论

本章采用固相法合成了一种新型 Ta^{5+} 离子单掺杂的 $Zn_2V_2O_7$ 材料，该基质材料在 329 nm 紫外激发下为宽带黄光发射，掺杂离子对荧光粉的发射范围影响不大。激发和发射光谱显示：随着 Ta^{5+} 离子掺杂浓度的增大，激发和发射强度先增加后降低，当掺杂浓度达到 0.05 时，达到最大，而且对应的归一化的激发光谱和发射光谱未出现明显的偏移，其量子效率为 15.01%，为基质材料量子效率（PLQY = 7.74%）的两倍左右。基质材料的热稳定性优于掺杂样品，是由于基质内 Ta^{5+} 与 V^{5+} 半径的差异产生的晶格畸变。

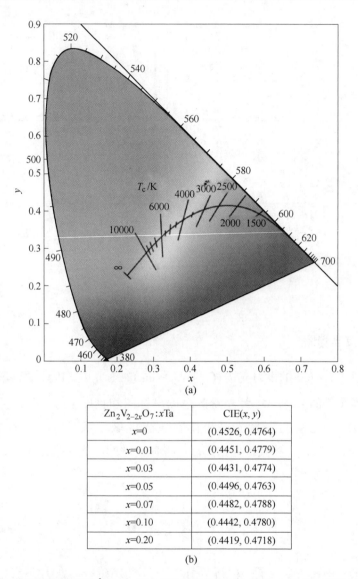

(a)

Zn$_2$V$_{2-2x}$O$_7$:xTa	CIE(x, y)
x=0	(0.4526, 0.4764)
x=0.01	(0.4451, 0.4779)
x=0.03	(0.4431, 0.4774)
x=0.05	(0.4496, 0.4763)
x=0.07	(0.4482, 0.4788)
x=0.10	(0.4442, 0.4780)
x=0.20	(0.4419, 0.4718)

(b)

图 4-9　掺杂不同浓度 Ta^{5+} 的 Zn$_2$V$_2$O$_7$ 荧光粉的色度坐标图（a）及色度坐标（b）

5 黄光发射纯 $Zn_3V_2O_8$ 荧光粉的开发研究

5.1 引　言

随着材料科学的不断发展，照明、显示设备需求的不断增加，白光发光二极管（WLED）因其光电转换效率高、能源消耗量小而展现出巨大的发展潜力。目前，WLED 主要以蓝光 LED 芯片与黄色荧光粉结合的产品为主。数据显示，截至目前，九成液晶电视产品使用蓝光芯片和黄色荧光粉的合成技术。$Y_3Al_5O_{12}$：Ce^{3+} 是一种形似石榴石结构的化合物，因热稳定性高、性质稳定而成为最经典的黄粉。但稀土 Ce^{3+} 掺杂的黄色荧光粉的发光源于 5d→4f 的电偶极跃迁，5d 态是 Ce^{3+} 的外态，4f 是原子的内层，因其受晶体场的影响较大，晶体场的强弱影响着发射光谱的位置和范围。另外，该种合成技术的 WLED 在红光部分严重短缺，显色性较差，难以实现低色温照明需求。因此开发新型、优异光学性能的 WLED 用黄光荧光粉仍旧是至关重要的。

相比于 Ce^{3+}、Eu^{3+}、Tb^{3+} 等稀土离子由于内层 4f 电子跃迁而产生的谱带，$Zn_3V_2O_8$ 等钒酸盐在可见光波段可产生高效的宽带发射，发射波长几乎覆盖整个可见光区域，发射峰值约在 550 nm，作为照明光对人眼影响较小。Min 等研究发现，$Zn_3V_2O_8$ 荧光粉和其他钒酸盐类似，其激发和发射光谱主要依靠自身 VO_4 四面体中电子从 O 的 2p 轨道跃迁到 V 的 3d 轨道而产生，无须添加其他稀土离子。Qian 等采用高温固相反应法制备了 $Zn_3V_2O_8$ 荧光粉，该荧光粉在 400~700 nm 强黄光发射，具有荧光强度高、发光寿命较长，以及良好的热稳定性等优点。但 $Zn_3V_2O_8$ 与 $Zn_2V_2O_7$ 的物相接近，煅烧温度过高或过低都会生成 $Zn_2V_2O_7$，并难于可控分离。$Zn_2V_2O_7$ 的存在会使其产物内部出现较多的结构缺陷，降低 $Zn_3V_2O_8$ 的光学性能，因此 $Zn_2V_2O_7$ 物相的存在一定程度上限制了 $Zn_3V_2O_8$ 材料的研究及应用。但与其他商用黄光荧光粉相比，$Zn_3V_2O_8$ 荧光粉无须添加稀土离子并利用自身的电荷跃迁就能实现黄光区域的发射，并具有优异的光学性能，因此该荧光粉在未来照明、显示、促进植物生长及生物组织检测等方面具有潜在的应用价值。

因此，本章以 BaF_2 为助溶剂，在 750 ℃下利用简单的固相法制备了不含 $Zn_2V_2O_7$ 杂质晶体的纯 $Zn_3V_2O_8$ 荧光粉，并探究了不同浓度的助溶剂对 $Zn_3V_2O_8$ 荧光粉光学性能的影响。

5.2　黄光发射纯 $Zn_3V_2O_8$ 荧光粉的开发研究实验

5.2.1　实验原料和制备方法

通过化学计量比精确称取反应物 ZnO（99.99%，Aladdin）、NH_4VO_3（99.99%，Aladdin）和 CaF_2（99.99%，Aladdin）的质量，其中 Zn∶V 摩尔比为 3∶2，CaF_2 的质量分数为 1%。将称量好的反应物置于研钵中，加入酒精使其混合均匀。将混合后的粉末从研钵中转移入氧化铝坩埚中，并移入马弗炉，在空气条件下，升温至 750 ℃并保温 4 h，升降温速率为 5 ℃/min。反应完全后，采用 5 ℃/min 的降温速度降温到室温，收集样品，以便后期测试。

5.2.2　性能测试与表征

采用 MSAL XD-2/3 型粉末 X 射线衍射仪（XRD）测试样品的物相，扫描范围为 10°~80°，步长为 0.02°，Cu 靶 K 射线，波长 $\lambda = 0.154$ nm，测试电压为 36 kV。

采用 FS5-MCS 型荧光光谱仪测试样品的激发和发射光谱，发射波长范围为 400~800 nm，扫描速度为 1200 nm/min，在室温下进行。

采用稳态瞬态荧光光谱仪（LFS1000）测试样品的衰减时间、高温发射光谱，发射波长为 400~800 nm，扫描速度为 1 nm/s，在室温下进行。

5.3　结果与讨论

5.3.1　物相分析

图 5-1（a）为 750 ℃煅烧温度、不同 BaF_2 掺杂量时制备样品的 XRD 曲线，

由图可知，未加入 CaF$_2$ 时，产物为晶体 Zn$_3$V$_2$O$_8$（PDF # 00-34-0378）和 Zn$_2$V$_2$O$_7$（PDF#00-70-1532）的混合物；加入助溶剂 CaF$_2$ 时，Zn$_2$V$_2$O$_7$ 对应的衍射峰强度逐渐降低，当助溶剂 CaF$_2$ 量（质量分数）为 1% 时，样品衍射峰与 Zn$_3$V$_2$O$_8$ 的标准卡片匹配良好，并且样品结晶性良好，未出现其他明显的杂质峰，为单相 Zn$_3$V$_2$O$_8$（图 5-1（b））。当 CaF$_2$ 的掺杂量继续增加到 5% 时，仍为单相的 Zn$_3$V$_2$O$_8$，并未出现明显的杂质峰。Zn$_3$V$_2$O$_8$ 的晶体是由多个孤立的 VO$_4$ 四面体和 ZnO$_6$ 八面体构成（图 5-1（c）），文献显示最近邻 V—V 键的键长决定了 VO$_4$ 四面体的对称性以及主格元素的离子类型、离子半径等所呈现的差异性的晶体场环境，共同影响着该类晶体作为发光材料的发光性能。

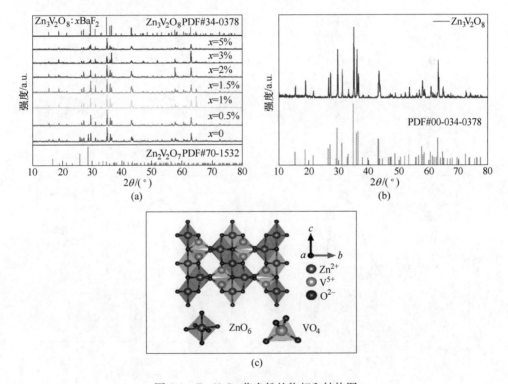

图 5-1　Zn$_3$V$_2$O$_8$ 荧光粉的物相和结构图

（a）不同 BaF$_2$ 掺杂量时所得 Zn$_3$V$_2$O$_8$ 荧光粉的 X 射线衍射图；（b）纯相 Zn$_3$V$_2$O$_8$ 荧光粉的
X 射线衍射图谱；（c）纯相 Zn$_3$V$_2$O$_8$ 荧光粉的晶体结构图

5.3.2　光学性能

图 5-2（a）和（b）为 Zn$_3$V$_2$O$_8$ 荧光粉掺杂不同 BaF$_2$ 量的激发和发射光谱

图。从图中可以看出，随着 BaF_2 掺杂量的增加，$Zn_3V_2O_8$ 荧光粉的激发光谱强度和发射光谱强度先增加后降低，当 BaF_2 掺杂量为 1%时，强度达到最大，继续增加 BaF_2 的掺杂量，光谱的发射强度和激发强度都呈现下降趋势，并且掺杂 BaF_2 后，激发光谱出现了红移，约为 10 nm，发射光谱出现了蓝移，约为 20 nm。当 BaF_2 掺杂量为 1%时，$Zn_3V_2O_8$ 荧光粉在 550 nm 的监测下，激发光谱在 200～450 nm 具有较宽的吸收带，并在 360 nm 处出现最佳峰值（图 5-2（c））。通过高斯拟合，在 31263 cm^{-1}、27593 cm^{-1} 处观察到两条较宽的吸收带。$Zn_3V_2O_8$ 晶体

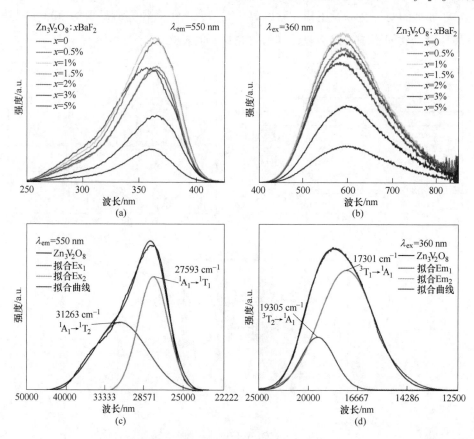

图 5-2 $Zn_3V_2O_8$ 荧光粉的光学性能图

（a）不同 BaF_2 掺杂量的 $Zn_3V_2O_8$ 荧光粉的激发光谱图；（b）不同 BaF_2 掺杂量的 $Zn_3V_2O_8$ 荧光粉的发射光谱图；（c）纯相 $Zn_3V_2O_8$ 荧光粉的激发光谱图，另外显示出 $^1T_2{\rightarrow}^1A_1$ 和 $^1T_1{\rightarrow}^1A_1$ 发射过程的高斯拟合曲线；（d）纯相 $Zn_3V_2O_8$ 荧光粉的发射光谱图，另外显示出 $^1A_1{\rightarrow}^1T_2$ 和 $^1A_1{\rightarrow}^1T_1$ 激发过程的高斯拟合曲线

图 5-2 彩图

中 31263 cm^{-1}、27593 cm^{-1} 波段的吸收过程归因于为 VO$_4$ 的 $^1A_1 \rightarrow ^1T_2$ 和 $^1A_1 \rightarrow ^1T_1$ 的激发。通过系统间的交叉过程，部分激发态电子从 $^1T_2$、$^1T_1$ 激发态非辐射跃迁到 $^3T_2$、$^3T_1$ 激发态。在 360 nm 激发下，Zn$_3$V$_2$O$_8$ 荧光粉通过 VO$_4$ 四面体中的 $^3T_2 \rightarrow ^1A_1$ 和 $^3T_1 \rightarrow ^1A_1$ 的辐射跃迁呈现宽带黄光发射（图 5-2（d））。图 5-3（a）为 360 nm 紫外光激发下，Zn$_3$V$_2$O$_8$ 荧光粉的 CIE 色度图，结果显示该荧光粉的发射光谱坐落在黄光区域。

图 5-3（b）为 Zn$_3$V$_2$O$_8$ 荧光粉的衰减时间曲线图，该曲线图在 360 nm 的紫外激发下获得，展示了发光中心的发光强度随时间逐渐降低的过程，与如下双指数函数公式精准匹配：

$$I(t) = I_0 + A_1 \exp\left(\frac{-t}{\tau_1}\right) + A_2 \exp\left(\frac{-t}{\tau_2}\right) \tag{5-1}$$

式中，A_1 和 A_2 为常数；τ_1 和 τ_2 分别为是指数分量的寿命；$I(t)$ 为 t 时刻的发光强度；I_0 为初始强度。从式（5-1）获得的曲线可知，Zn$_3$V$_2$O$_8$ 荧光粉的衰减时间为 1.67 ms。

高温发光稳定性是表征荧光粉发光性能的重要参数之一，图 5-4（a）和（b）为 Zn$_3$V$_2$O$_8$ 样品的变温发光光谱及其折线图，测试结果显示，当温度从 30 ℃ 升高到 240 ℃ 时，Zn$_3$V$_2$O$_8$ 荧光粉的热稳定性逐渐降低，当温度提高到 150 ℃ 时，发射强度的保持率为 25.1%，相比于室温发射强度（20 ℃）。高于石榴石结构的 LiCa$_2$SrMgV$_3$O$_{12}$ 荧光粉和 KCa$_2$Mg$_2$V$_3$O$_{12}$ 荧光粉，LiCa$_2$SrMgV$_3$O$_{12}$ 荧光粉的发射强度降低到室温强度一半时，温度仅为 60 ℃（$T_{0.5}$ = 60 ℃）。KCa$_2$Mg$_2$V$_3$O$_{12}$ 荧光粉，当其温度升高到 115 ℃ 时，热发射强度的保持率仅为 21%，由此可见 Zn$_3$V$_2$O$_8$ 材料具有良好的热稳定性。

如图 5-5 所示，Zn$_3$V$_2$O$_8$ 荧光粉的内量子效率计算为 47.09%，远远高于其他钒酸盐材料，如 KCa$_2$Mg$_2$V$_3$O$_{12}$（IQE：41%）、Ca$_2$KZn$_2$(VO$_4$)$_3$（IQE：19.2%）、Zn$_2$V$_2$O$_7$（IQE：15.01%）等。

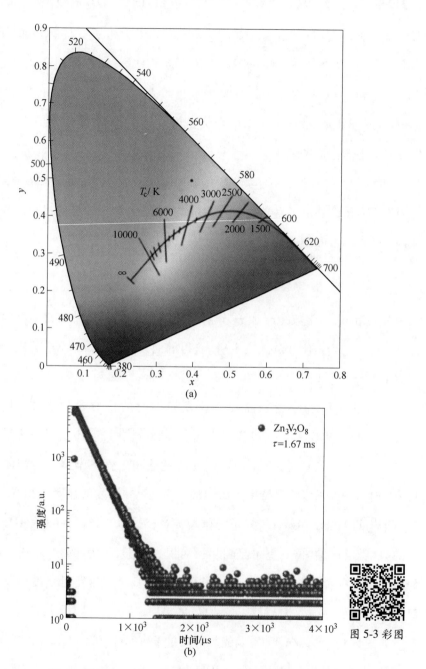

图 5-3　纯相 $Zn_3V_2O_8$ 荧光粉的 CIE 色度图（a）和

纯相 $Zn_3V_2O_8$ 荧光粉的衰减曲线图（b）

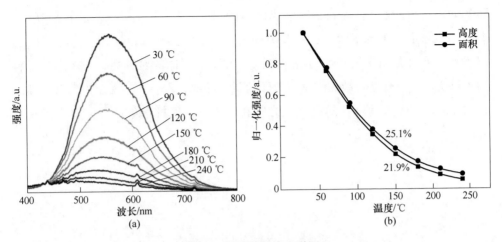

图 5-4　样品热稳定光谱图

（a）$Zn_3V_2O_8$ 荧光粉在不同温度下发射强度变化光谱图；（b）$Zn_3V_2O_8$ 荧光粉的光谱积分强度折线图

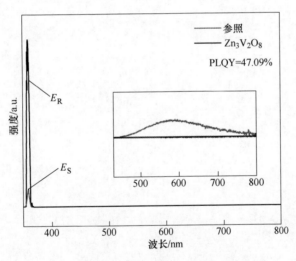

图 5-5　纯相 $Zn_3V_2O_8$ 荧光粉的内量子效率图

5.4　结　论

在助溶剂 BaF_2 掺杂量（质量分数）为 1% 时，纯相 $Zn_3V_2O_8$ 荧光粉通过高温固相法被成功制备。该荧光粉在紫外光区具有较宽的吸收带，并在 360 nm 紫外芯片激发下，呈现宽带黄色发射，发光范围为 400 ~ 800 nm，最佳发射波长为

550 nm，对应于材料本身的 VO_4 四面体的 $^3T_2 \rightarrow {}^1A_1$ 和 $^3T_1 \rightarrow {}^1A_1$ 的辐射跃迁。$Zn_3V_2O_8$ 荧光粉的衰减时间为 1.67 ms，并且该荧光粉的内量子效率高达 47.09%，可能是由于助溶剂的增加降低了 VO_4 四面体的对称性，并促进了材料的辐射跃迁。与石榴石结构的其他钒酸盐材料相比，$Zn_3V_2O_8$ 荧光粉具有优异的光学性能，其作为 WLED 的黄光荧光粉在低成本、大批量生产方面具有潜在的价值。

6 高效 $Ca_5Mg_4(VO_4)_6$ 发光材料的开发及光学性能研究

6.1 引 言

WLED 作为一种高效、节能、环保的光源，具有很强的应用前景。近年来，随着科学技术的不断发展，WLED 应用范围广泛，潜力巨大，如室内外照明、汽车灯、荧光灯、电视屏幕、数字显示器等。随着未来环保意识的增强，社会对节能减排的关注日益突出。WLED 照明设备逐渐成为主流选择。为了产生白光，通常采用两种主要方法，一种是将紫外芯片与三色荧光粉（蓝、绿、红）相结合。另一种方法是将蓝色 LED 芯片与黄色荧光粉如 $Y_3Al_5O_{12}$：Ce^{3+}（YAG：Ce^{3+}）组合。然而，这些报道的荧光粉大多需要稀土活化。

近年来，由于稀土元素储量小，需求量大，越来越多的研究人员开始探索非稀土荧光粉。目前，无稀土发光材料的制备方法有：（1）利用钨酸盐、钒酸盐等物质；（2）利用过渡金属离子作为发光中心；（3）利用氧（O）空位等缺陷发光。在这三种方法中，钒酸盐因其价格低、环保和量子效率高而成为一种受欢迎的选择。在紫外光照射下，钒酸盐作为自激活的荧光粉，发生电荷跃迁（CT），发光由蓝色变为黄色。钒酸盐基团呈四面体对称结构，钒原子位于中心，四个氧原子围绕其排列。四个氧原子之间的距离相等，每个氧原子与钒原子的距离也相等。四面体（T_d）对称的 $[VO_4]^{3-}$ 基团具有从 2p 轨道（O^{2-}）到 3d 轨道（V^{5+}）的宽而强的氧-金属 CT 跃迁带，这使得钒酸盐化合物在 $250\sim430$ nm 之间的紫外（UV）/近紫外（NUV）区表现出明显的吸收带。钒酸盐的研究已经深入，但其热稳定性低，发光强度和量子效率不足，亟待改进。2012 年，Huang 等采用固相反应法合成了一种自激活的钒酸盐荧光粉 CMV。发现 CMV 荧光粉具有强烈的黄光发射。Seo 等通过诱导 Mo^{6+} 离子置换为 V^{5+} 来调控 $NaMg_2V_3O_{10}$ 的光学性质。根据该报告，用大阳离子取代小阳离子（V）可以提高发光和热稳定性。在本章中，我们将研究用大阳离子（Ta）取代小阳离子（V）对 CMV 性能变化的影响，并探讨其物理机制。

本章对自激活 CMV：xTa^{5+} 的发光性能进行了详细的研究。已经明确地证明，加入 Ta 离子会导致发光强度、量子效率和热稳定性的显著增强。为了确定造成这种影响的原因，进行了彻底的调查。CMV 荧光粉、红色商业荧光粉和蓝色商业荧光粉制备的 WLED 发光光谱可以覆盖整个可见光谱范围。白光的相关色温（CCT）为 4083 K，CIE 坐标为（0.3677，0.3409）。研究表明，CMV：0.5% Ta^{5+} 荧光粉在 WLED 领域具有很大的应用潜力。

6.2　高效 $Ca_5Mg_4(VO_4)_6$ 发光材料的开发及光学性能研究实验

6.2.1　样品的合成

采用常规固相反应法制备 CMV：xTa^{5+} 多晶样品。起始原料为试剂级 $CaCO_3$、MgO、NH_4VO_3 和 Ta_2O_5，根据化学计量比精确称重。然后加入少量酒精，在空气中充分研磨 30 min。将混合物置于 KSL-1200X 型马弗炉中，500 ℃加热 6 h，再在 900 ℃空气中继续加热 6 h。所得样品经研磨后制备用于表征。

6.2.2　样品的测试表征

X 射线衍射（XRD）测定了 CMV：xTa^{5+} 颗粒的物相，采用 DX-2700BH 在 Cu K 辐射（40 kV，30 mA）下在 10°～80°扫描。GSAS 程序对 XRD 数据进行了 Rietveld 细化。利用扫描电子显微镜（SEM，Hitachi S-4800）对样品的表面形貌进行了评价。利用英国爱丁堡仪器公司（Edinburgh Instruments）的 FLS-1000 光谱仪（配备氙灯、单色仪和背照多通道电荷耦合器件光电探测器），评估了随温度升高的光致发光激发（PLE）、光致发光（PL）、内量子效率（IQE）、衰减时间和 PL 光谱。

6.3　结果与讨论

6.3.1　样品的物相和晶体结构

如图 6-1（a）所示，掺杂不同 Ta^{5+} 离子浓度（0～5%）的 CMV：xTa^{5+} 荧光

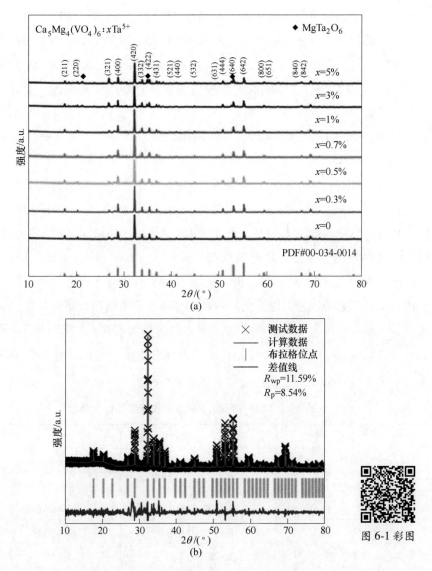

图 6-1　CMV：xTa^{5+}（$0 \leqslant x \leqslant 5\%$）样品的物相图

（a）CMV：xTa^{5+}（$0 \leqslant x \leqslant 5\%$）样品的 XRD 谱图；（b）CMV 样品 XRD 谱图的 Rietveld 精修图

粉的 XRD 谱图与国际衍射数据中心（ICDD）数据库中的标准 PDF 卡片 No.34-0014（$Ca_5Mg_4(VO_4)_6$）匹配较好。为了了解大阳离子（Ta）取代小阳离子（V）对性能的影响及其相关机制，将不同浓度的 Ta^{5+} 离子添加到 V^{5+} 离子位点。这是因为除了它们的配位环境不同外，TaO_4 和 VO_4 具有相似的化学性质。随着 Ta^{5+} 离子浓度的增加，CMV 的结晶性能变化不明显，说明 Ta^{5+} 的引入对 CMV 的结晶结构影响不大。当 Ta^{5+} 掺杂量达到 5% 时，在 22°、31°、34° 和 52° 附近出现副产物（菱形标记物）。基于 JCPDS 卡为 $MgTa_2O_6$ 峰，这表明 Ta^{5+} 离子很难大量进入 CMV 宿主。V^{5+} 离子的离子半径（$r = 0.355 \times 10^{-10}$ m）小于 Ta^{5+} 离子的离子半径（$r = 0.64 \times 10^{-10}$ m），不同的配位环境可能是杂质产生的原因。此外，可以观察到，随着 Ta^{5+} 含量的增加，所有 XRD 峰都向小角度方向移动（图 6-2（a））。这是预期的由较大的 Ta^{5+} 离子取代引起的结构变化，表明 Ta^{5+} 离子已成功并入 CMV 晶格中。

　　通过 Rietveld 细化分析 CMV 宿主的 XRD 谱图，进一步了解其晶体结构，如图 6-1（b）所示。图 6-2（b）为 CMV：0.5%Ta^{5+} XRD 图的 Rietveld 细化。由于该化合物的晶格参数无法从 JCPDS 卡中获得，因此使用 $Ca_5Mg_3Zn(VO_4)_6$（ICSD# 72305）的结构作为 Rietveld 分析的初始模型。图 6-1（b）显示了 Rietveld 细化的结果。"×" 标记表示实测数据，蓝线表示实测值与计算值之差，绿色竖线表示模拟衍射图案的位置，计算出的数据用红线表示。将拟合结果与实验数据进行比较，可以看出拟合结果是可靠的。细化的结果如表 6-1 所示。基于 Bragg 位置与标准 XRD 峰位置的高一致性和较小的可靠性因子，可以将样品识别为三次体系，属于 Ia-3d 空间群。

表 6-1　CMV 样品的 Rietveld 精修和晶体学参数

化学式	CMV	CMV：0.5%Ta^{5+}
空间群	Ia-3d	Ia-3d
晶系	立方晶系	立方晶系
a/m	$12.4292(0) \times 10^{-10}$	$12.4231(6) \times 10^{-10}$
b/m	$12.4292(0) \times 10^{-10}$	$12.4231(6) \times 10^{-10}$
c/m	$12.4292(0) \times 10^{-10}$	$12.4231(6) \times 10^{-10}$
$\alpha/(°)$	90	90
$\beta/(°)$	90	90
$\gamma/(°)$	90	90
V/m^3	$1920.1251(2) \times 10^{-30}$	$1917.3290(6) \times 10^{-30}$
$R_{wp}/\%$	11.59	11.26
$R_p/\%$	8.54	8.37
χ^2	2.31	2.29

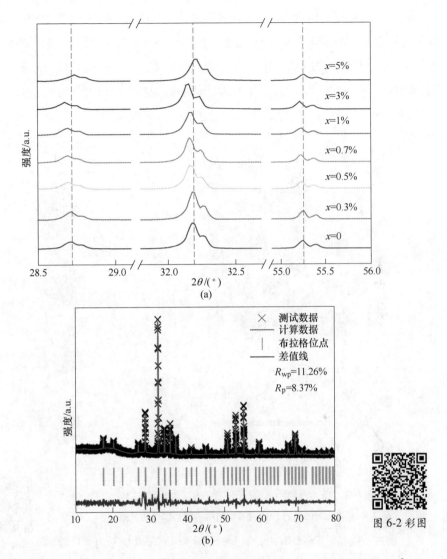

图 6-2 （400）、（420）、（642）晶面的 XRD 峰的放大图（a）和 CMV：0.5%Ta⁵⁺

样品 XRD 谱图的 Rietveld 精修图（b）

如图 6-3（a）所示，沿 a 轴为单晶胞结构，CMV 的晶体结构属于 Ia-3d 空间群。在这个石榴石结构的 CMV 样品中，Ca、Mg 和 V 离子分别占据了十二面体、八面体和四面体的位置（图 6-3（b））。与理想四面体相比，VO_4 四面体具有较小的畸变。VO_4 四面体的畸变是由晶体结构中相互隔离的四个 V—O 键长和六个 O—V—O 键角的变化引起的。图 6-3（c）显示了 VO_4 的球棒模型，以及部分 Ta^{5+} 离子被 V^{5+} 离子取代后键长变化示意图。Ta^{5+} 部分取代 V^{5+} 后，V1—O2 键长由

1.79943 nm 缩短至 1.76557 nm，V1—O2 键长由 1.68689 nm 缩短至 1.65448 nm。晶体学数据表明，由于 Ta^{5+} 和 V^{5+} 离子的离子半径和配位环境不同，Ta^{5+} 离子部分取代 V^{5+} 离子会使周围的 VO$_4$ 四面体受到挤压和扭曲，V—O 键长度会缩短。众所周知，随着 V—O 键长度的减小，VO$_4$ 四面体的畸变程度会增大。因此，掺杂 Ta^{5+} 离子可以改变晶体环境，会导致优越的光学性能。

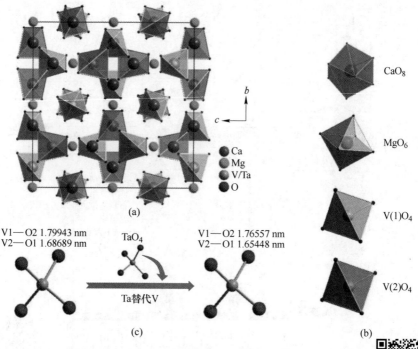

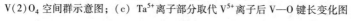

图 6-3　Ta 离子替代 V 离子前后石榴石结构的 CMV 晶体结构图

(a) 石榴石结构的 CMV 晶体结构图；(b) CaO$_8$、MgO$_6$、V(1)O$_4$、

V(2)O$_4$ 空间群示意图；(c) Ta^{5+} 离子部分取代 V^{5+} 离子后 V—O 键长变化图

图 6-3 彩图

用 SEM 分析 CMV：0.5%Ta^{5+} 的颗粒形态，如图 6-4（a）所示。由于高温煅烧，样品有一定的团聚现象，颗粒不规则，平均粒径为 0.5 μm。利用能量色散 X 射线能谱（EDS）元素图测量 CMV：0.5%Ta^{5+} 样品的元素分布，结果如图 6-4（b）~（h）所示。所选组分中 O、V、Ca、Mg 和 Ta 元素的均匀分布表明 Ta^{5+} 被成功地掺杂到主晶格中。

6.3.2　光学性能

在 544 nm 处监测的 CMV 宿主激发光谱如图 6-5（a）所示。激发光谱表明，

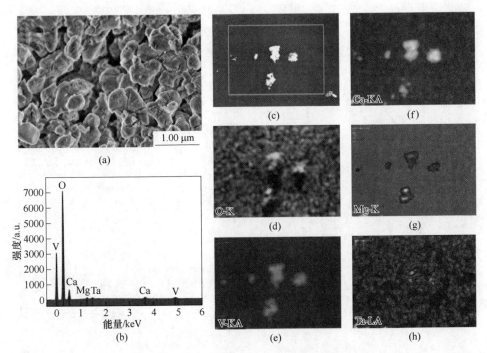

图 6-4　CMV：0.5%Ta^{5+}样品的微观结构图

（a）CMV：0.5%Ta^{5+}样品的 SEM 图像；（b）0.5%Ta^{5+}荧光粉的 CMV 能谱；

（c）~（h）CMV 元素映射图：0.5%Ta^{5+}样品

$[VO_4]^{3-}$基团的 V—O 电荷转移带（CTB）跃迁在 346 nm 处产生宽激发带（250~400 nm）峰值。利用高斯拟合可将其分离为两个峰 Ex_1（$^1A_1 \rightarrow {}^1T_2$，319 nm）和 Ex_2（$^1A_1 \rightarrow {}^1T_1$，359 nm）。由图 6-5（b）可知，当 CMV 宿主受到 346 nm 辐射激发时，发射光谱几乎完全覆盖了 544 nm 处的所有可见光谱，峰宽为 163 nm。由于 $[VO_4]^{3-}$基团从 O-2p 向 V-3d 过渡，导致了较宽的发射覆盖范围。发射光谱也可以用高斯拟合的方法拟合到两个发射波段，其中 Em_1 的中心为 523 nm（$^3T_2 \rightarrow {}^1A_1$），$Em_2$ 的中心为 598 nm（$^3T_1 \rightarrow {}^1A_1$）。CMV 的斯托克斯位移约为 10519.38 cm^{-1}。

钒酸盐荧光粉的发光是由于四面体 $[VO_4]^{3-}$基团中的电子从 O-2p 轨道跃迁到 V-3d 轨道。如图 6-5（c）所示，钒酸盐晶体场中 V^{5+}离子的能量轨道可以表示为基态$^1A_1$和激发态$^1T_1$、$^1T_2$、$^3T_1$ 和 $^3T_2$。激发电子有两种可能的弛豫途径，即非辐射复合过程（$^1T_1$，$^1T_2 \rightarrow {}^1A_1$）或辐射过程（$^3T_1$，$^3T_2 \rightarrow {}^1A_1$）通过系统间交

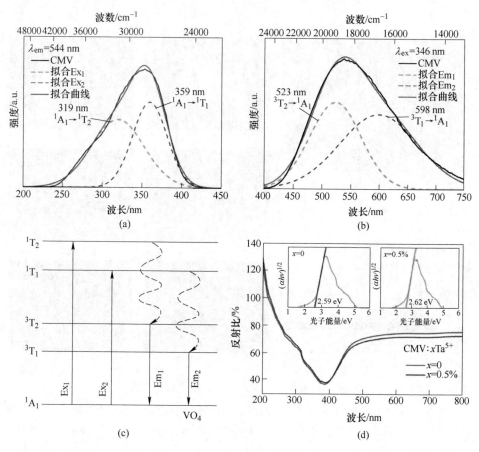

图 6-5　CMV 荧光粉的光学性能图

（a）激发光谱（$\lambda_{ex}=346$ nm）及高斯峰的拟合图；（b）发射光谱（$\lambda_{em}=544$ nm）及其高斯峰的拟合图；

（c）VO_4 基团能级；（d）CMV：xTa^{5+}（$x=0$ 和 0.5%）样品的漫反射光谱

（插图显示了 CMV：xTa^{5+}（$x=0$ 和 0.5%）对光子能量的吸收系数图）

叉（$^1T_1$，$^1T_2 \rightarrow ^3T_1$，$^3T_2$）。当系统间穿越能垒低于非辐射复合能垒时，最高激发态电子更倾向于向三个态（$^3T_1$，$^3T_2$）移动。如上所述，钒酸盐荧光粉的发光源于具有 T_d 对称性的 VO_4 四面体中的电荷转移跃迁（图 6-5（c））。在理想的 T_d 对称中，由于自旋选择规则，激发过程（$^1A_1 \rightarrow ^1T_1$，$^1T_2$）基本被允许，而系统间交叉过程（$^1T_1$，$^1T_2 \rightarrow ^3T_1$，$^3T_2$）和发光过程（$^3T_1$，$^3T_2 \rightarrow ^1A_1$）则被禁止。然而，VO_4 四面体的结构与理想四面体的结构在一定程度上是扭曲的，因此，由于自旋轨道相互作用，这些被禁止的过程在一定程度上是允许的。

为了了解 Ta^{5+} 掺杂对晶体结构的影响，对 CMV：xTa^{5+}（$x=0$ 和 0.5%）样品的紫外-可见漫反射光谱（DRS）进行了测量和评价。结果如图 6-5（d）所示。很明显，光谱表现出相同的轮廓，吸收带非常宽，覆盖了 200～450 nm 的区域。VO_4 基团从 O-2p 到 V-3d 的转变对反射光谱有很大贡献。光学带隙（E_g）可由式（6-1）粗略计算：

$$(\alpha h\nu)^n = A(h\nu - E_g) \tag{6-1}$$

式中，$h\nu$ 为入射光子能量；α 为吸收系数；A 为常数。当 $n=1/2$ 或 2 时，E_g 分别表示间接带隙和直接带隙。吸收系数 α 可由 Kubelka-Munk 函数（式（6-2））计算：

$$\alpha = \frac{(1-R)^2}{2R} \tag{6-2}$$

式中，R 为反射率。计算出制备的 CMV：xTa^{5+}（$x=0$ 和 0.5%）荧光粉的带隙能量分别为 2.59 eV 和 2.62 eV（图 6-5（d）插图）。

图 6-6（a）和（b）为不同掺杂浓度的 Ta^{5+} 掺杂 CMV 系列样品的激发和发射光谱。在图 6-6（a）中，掺不同浓度 Ta^{5+} 的 CMV 荧光粉具有相同的形状，表现出 250～450 nm 的宽带激发光谱，在 346 nm 处有峰，在 280 nm 处有肩峰。CMV：xTa^{5+}（$0 \leqslant x \leqslant 5\%$）样品的 PL 光谱如图 6-6（b）所示。所有 CMV：xTa^{5+} 样品（$0 \leqslant x \leqslant 5\%$）在 450～750 nm 之间呈现黄绿色宽带发射，其中 544 nm 处有一个峰值。掺杂 Ta^{5+} 离子后，与 CMV 相比，发射光谱形状没有明显变化。随着 Ta^{5+} 掺杂浓度的增加，发射强度逐渐增大，当掺杂浓度达到 $x=0.5\%$ 时，发射强度逐渐减小。最佳掺杂浓度为 $x=0.5\%$，FWHM 为 163 nm。当 Ta^{5+} 掺杂浓度为 0.5% 时，集成发光强度提高 26.31%。Ronde 等和 Huang 等报道了 $[VO_4]^{3-}$ CT 跃迁的能量取决于 V—O 键的长度。由于畸变，$[VO_4]^{3-}$ 四面体的对称性随着 V—O 距离的缩短而降低。通过掺杂 Ta^{5+} 离子的过程，减少了 V—O 键的长度，根据 3.2 节的研究，导致 $[VO_4]^{3-}$ 四面体发生了明显的畸变。在 $^3T_2(^3T_1) \rightarrow {}^1A_1$ 跃迁中允许更多的自旋禁止跃迁。

这种畸变反过来又增加了辐射跃迁的可能性，并最终提高了发光强度。这些发现与实验的预期相符。当掺杂浓度 x 超过 0.5% 时，结构中会出现 Ta^{5+} 对 V^{5+} 的过度取代，导致局部变形和晶格缺陷。这导致杂质峰的形成和荧光粉发光强度的降低。造成这种现象的原因是 Ta^{5+} 和 V^{5+} 离子半径和配位环境的差异。图 6-5（c）显示了 CMV：xTa^{5+}（$0 \leqslant x \leqslant 5\%$）的归一化发射强度，没有观测到任何光谱移位。此外，CMV 主晶格中 Ta⁵⁺ 离子间的临界距离 R_c 可由式（6-3）初步计算：

$$R_c \approx 2\left(\frac{3V}{4\pi X_c N}\right)^{1/3} \tag{6-3}$$

式中，R_c 为临界距离；V 为胞体体积；X_c 为临界掺杂浓度；N 为可占据阳离子位的实际数目。这些化合物的 X_c 为 0.5%，V 为 1920.13×10^{-30} m³，N 为 4。因此，CMV：xTa⁵⁺ 的临界距离可计算为 56.81×10^{-10} m。

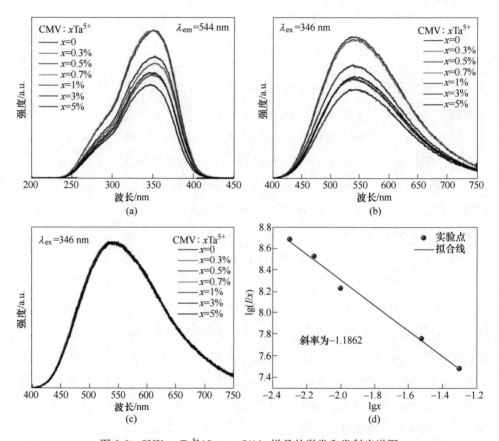

图 6-6   CMV：xTa⁵⁺(0≤x≤5%) 样品的激发和发射光谱图

（a）在 544 nm 处监测 CMV：xTa⁵⁺(0≤x≤5%) 样品的激发光谱图；

（b）CMV：xTa⁵⁺(0≤x≤5%) 样品在 346 nm 激发下的发射光谱图；

（c）CMV 归一化发射强度 CMV：xTa⁵⁺(0≤x≤5%)；

（d）lg(I/x) 对 lg$x$ 的依赖性和线性拟合图

图 6-6 彩图

众所周知，激活剂之间的非辐射能量传递可以通过交换相互作用或电多极相互作用发生。交换相互作用需要小于5×10^{-10} m 的临界距离，计算 CMV：xTa^{5+} 的临界距离 R_c 为 56.81×10^{-10} m。因此，多极相互作用将主导能量传递过程。激活剂之间的非辐射能量传递机制可用式（6-4）估算：

$$\frac{I}{x} = k \left[1 + \beta (x)^{\theta/3} \right]^{-1} \tag{6-4}$$

式中，k 为常数；x 为掺杂剂浓度；I 为发射强度；$\beta(x)$ 也是一个常数。因此，我们可以在图 6-6（d）中观察到 $\lg(I/x)$ 与 $\lg x$ 呈线性关系，斜率为 -1.1862。从给定的方程可以明显地看出，直线的斜率等于 $\theta/3$。因此，可以推断 θ 约为 3.5586。电偶极-偶极、偶极-四极和四极-四极相互作用分别对应于 $\theta = 6$、8 和 10。因此，偶极-偶极相互作用主导了 CMV 宿主 Ta^{5+} 离子之间的非辐射能量传递机制。

6.3.3 衰减时间和量子效率

衰变时间可以提供对发光动力学的深入了解。在激发波长为 346 nm、发射波长为 544 nm 下，测试不同 Ta^{5+} 浓度样品的室温衰减曲线，如图 6-7（a）所示。双指数公式（6-5）可以有效匹配衰减曲线：

$$I(t) = A_1 \exp\left(-\frac{t}{\tau_1} \right) + A_2 \exp\left(-\frac{t}{\tau_2} \right) \tag{6-5}$$

式中，A_1、A_2 为常数；I 为发光强度。指数分量的衰减时间用 τ_1 和 τ_2 表示。当 Ta^{5+} 离子浓度从 $x = 0$ 增加到 $x = 5\%$ 时，计算得到的平均衰变时间分别为 11.01 μs、11.02 μs、11.92 μs、12.11 μs、12.37 μs、12.83 μs 和 13.18 μs。Nakajima 等人提出，V^{5+} 离子之间距离的减小，引出了 V-V 离子之间的强相互作用，从而提高了光学中心 VO$_4$ 的荧光寿命。在本章的研究中，由于 Ta^{5+} 离子在 V^{5+} 位点的掺入，使得周围的 VO$_4$ 四面体被挤压变形，缩短了 V—O 键的长度。因此，V-V 离子之间的强相互作用将提高发光中心 VO$_4$ 的荧光寿命。

量子效率是荧光粉进一步应用的最重要的特性之一。图 6-7（b）为 CMV 与 CMV：0.5%Ta^{5+} 样品的量子效率对比直方图。在 346 nm 激发下，CMV 和 CMV：0.5%Ta^{5+} 荧光粉的量子效率分别为 39.49% 和 45.80%，如图 6-7（c）和（d）所示。很明显，由于晶格中孤立的 $[VO_4]^{3-}$ 四面体的 V—O 键长度缩短，钒酸盐的量子效率大大提高。

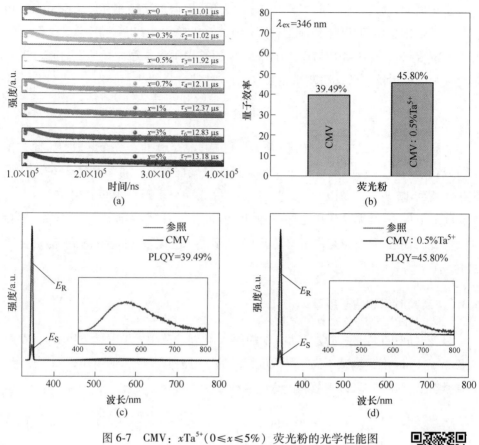

图 6-7　CMV：$xTa^{5+}(0 \leqslant x \leqslant 5\%)$ 荧光粉的光学性能图

（a）CMV：$xTa^{5+}(0 \leqslant x \leqslant 5\%)$ 荧光粉随 Ta^{5+} 浓度的衰减曲线；

（b）CMV 宿主和 CMV：$0.5\%Ta^{5+}$ 荧光粉在 346 nm 激发下的量子效率直方图；

（c）CMV 宿主内部量子效率图；（d）CMV：$0.5\%Ta^{5+}$ 内部量子效率图

图 6-7 彩图

6.3.4　热稳定性

　　荧光粉在 LED 器件的正常工作温度下保持其发射强度的能力是 LED 应用的先决条件之一。为了研究 CMV：$xTa^{5+}(x=0, 0.5\%)$ 在 346 nm 激发下，在 25~200 ℃范围内的温度依赖性发光光谱。图 6-9 和图 6-8（a）为 CMV 和 CMV：$0.5\%Ta^{5+}$ 样品在 346 nm 激发下不同温度下的 PL 光谱。从 25 ℃到 200 ℃，随着温度的升高，发射强度逐渐减小。温度的升高不仅会引起晶格振动的增加，还会导致热激活声子的生长。这种关系对于理解材料在不同热条件下的行为至关重要。与热激活声子耦合的大部分电子穿过 ΔE 势垒，直接从激发态跃迁回基态，导致荧光粉的发光

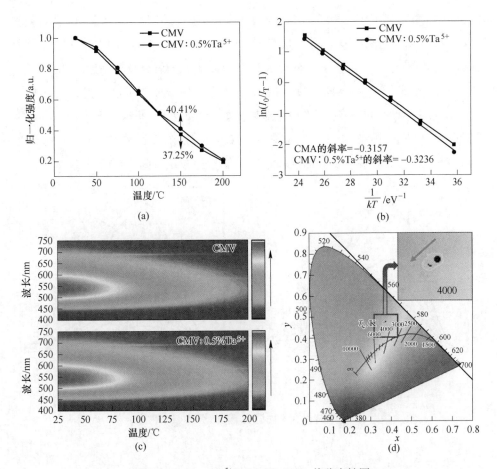

图 6-8　CMV：xTa^{5+}（$x=0$，0.5%）热稳定性图

（a）在 346 nm 激发下 CMV：xTa^{5+}（$x=0$，0.5%）的归一化积分 PL 强度随温度变化的折线图；

（b）在 365 nm 激发下 CMV 的活化能（ΔE）：xTa^{5+}（$x=0.5\%$）；

（c）CMV：xTa^{5+}（$x=0$，0.5%）的温度相关 PL 光谱图；

（d）CMV：0.5%Ta^{5+} 荧光粉在不同温度下的 CIE 色度图

强度下降。在 150 ℃ 时，CMV 样品的发光强度比室温降低了 62.75%。对于 CMV：0.5% Ta^{5+}，初始强度损失仅为 59.59%，这表明掺杂 Ta^{5+} 会对热稳定性产生正向影响（图 6-8 （c））。利用 Arrhenius 方程（式（6-6））计算活化能，进一步了解热稳定机理：

$$I(T) = I_0\{1 + A\exp[-\Delta E/(kT)]\}^{-1} \tag{6-6}$$

式中，ΔE 为活化能；I_0 为起始强度；$I(T)$ 为各温度下的强度；A 为玻耳兹曼常量；k 为热猝灭常数。根据图 6-8 （b）中 $\ln(I_0/I_T - 1)$ 和 $1/(kT)$ 的线性拟合关系，估计 CMV 和 CMV：0.5%Ta^{5+} 的斜率分别为 -0.3157 和 -0.3236。CMV 和 CMV：0.5%Ta^{5+} 的激活能分别为 0.3157 eV 和 0.3236 eV。增加 V—O 键长会降低跃迁能 ΔE，这一发现与 Ronde 等人和 Huang 等人的研究结果一致。

CMV：0.5%Ta^{5+} 在不同温度下的 CIE 坐标进一步证明了该荧光粉的热稳定性。CIE 坐标明确地与黄绿色光谱相对应。如图 6-8（d）所示。微小的位移表明样品具有较强的热稳定性。综上所述，CMV：0.5%Ta^{5+} 在 WLED 工作温度（140~150 ℃）下表现出良好的热稳定性，非常适合用于固态照明行业。

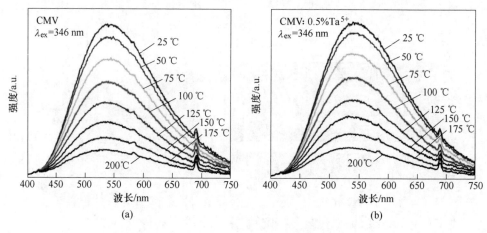

图 6-9　样品在不同温度下发光强度归一化图

（a）CMV；（b）CMV：0.5%Ta^{5+}

6.3.5　封装 WLED 的性能

为了评估 CMV：xTa^{5+} 荧光粉的潜在用途，制作了两种类型的白光 LED 灯。WLED1（由 CMV：0.5%Ta^{5+} 荧光粉、商用蓝色荧光粉 BAM：Eu^{2+} 和 365 nm 近紫外 LED 芯片组成）和 WLED2（由 CMV：0.5%Ta^{5+} 荧光粉、商用红色荧光粉 CaAlSiN$_3$：Eu^{2+}、商用蓝色荧光粉 BAM：Eu^{2+} 和 365 nm 近紫外 LED 芯片组成）样品的 CIE 色度坐标分别如图 6-10（a）和（c）所示。图 6-10（b）为在 60 mA 驱动电流下制备的 WLED1 器件的 EL 谱。在 CIE 色度坐标和 CCT 分别为（0.2819，0.3126），8821 K 的情况下，观察到明亮的冷白光。图 6-10（d）显示了在 60 mA 驱动电流下制备的 WLED2 器件的 EL 光谱。测得的 CIE 色度坐标和 CCT 分别为（0.3677，0.3409）和 4083 K，可见明亮的暖白光。因此，用 CMV 荧光粉制备的 WLED 器件可以在不同的固态照明应用中显示所需的白光，在固态照明领域具有广阔的应用前景。

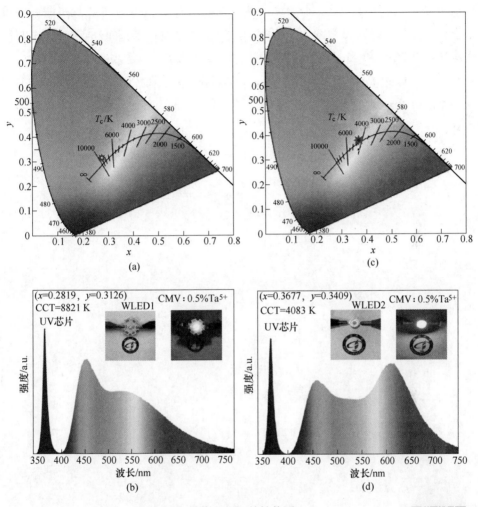

图 6-10　封装 WLED 的性能图

（a）制备的 WLED1 器件的 CIE 色度图；（b）WLED1 的 EL 光谱（插图显
示了 60 mA 电流驱动下 WLED1 的照片）；（c）制备的 WLED2 器件的 CIE 色度图；
（d）WLED2 的 EL 光谱（插图显示了 60 mA 电流驱动下 WLED2 的照片）

图 6-10 彩图

6.4　结　论

本章采用固相反应法制备了掺杂不同浓度 Ta^{5+} 离子的钒酸盐 $Ca_5Mg_4(VO_4)_6$（CMV）的黄绿色荧光体。Ta^{5+} 掺杂后，键长缩短，并研究了相关光学性质。测量了宿主和

CMV：0.5%Ta^{5+}样品的紫外-可见漫反射光谱，其带隙分别为 2.59 eV 和 2.62 eV。在 346 nm 激发下，基于 O-2p 到 V-3d 的跃迁，荧光粉在 544 nm 处表现出明亮的黄绿色宽带发射，最佳掺杂浓度 $x = 0.5\%$。CMV 和 CMV：0.5%Ta^{5+}样品的 PLQY 分别可达 39.49% 和 45.80%。它们的热稳定性证明了它们在固态照明领域的应用潜力。该黄绿色荧光粉封装的 WLED 的 CIE 坐标和 CCT 分别为 （0.3677，0.3409） 和 4083 K。综上所述，CMV：0.5% Ta^{5+}是一种很有前途的固态照明荧光粉。

7 发光基团 VO_4-激活磷酸盐材料的开发及光学性能研究

<<<<<<<<<<<<<<<<<<<<<<<<<<<<<<<<<<<<<<<<<<<<<<<<<<<<<<<<<<<<<<<<<<<<<<<<<<<<<<<<<

7.1 引　　言

钒是一种多价态元素，能够形成多种氧化物。其中，VO_4 基团的正四面体结构在决定发光性质方面扮演着关键角色，某些金属钒酸盐（Zn，Mg，Sr，Cs，K等）由于 VO_4 四面体中的单电子电荷转移跃迁而表现出本征发光。2019 年，Zhan 课题组采用溶胶-凝胶法制备了分布均匀的钒酸钙镁钒酸铕粉体，在紫外光激发下，制备的粉末在 520 nm 处有宽带发射，在 617 nm 处有尖峰发射，研究发现这是由 VO_4 四面体的单电子电荷转移跃迁和 Eu^{3+} 典型的 $^5D_0/\ ^7F_2$ 跃迁所致。

偏钒酸盐 AVO_3 同样具备出色的荧光性能，2010 年 Nakajima 课题组报道了一种新的 AVO_3 室温制造工艺有机材料上的薄膜，该工艺在以更低的成本制造柔性照明设备方面具有巨大的潜力。

钒酸盐发光材料具有优良的热稳定性、磁性和光催化活性，其物理化学性质也十分稳定，从而确保了较高的发光强度和效率。其在多个领域如光学、磁性、介电、吸附及催化材料中均得到了广泛应用。同时，许多国内外学者通过采用不同的合成方法和掺杂离子，优化了荧光粉的发光效率、色纯度以及稳定性，从而满足了不同应用场景的需求。1967 年，Michael 课题组系统地探究了铕离子激活的磷酸钒酸盐体系的荧光性能，并将其荧光特性与对应的未激活钒酸盐对照比较，结果显示，稀土激活的钒酸盐主要体现为四方锆石结构（具有 D2d 空间群对称性）和单斜独居石结构（归属于 C1 空间群对称）。2003 年，Huignard 课题组研究了胶体 YVO_4：Eu 纳米粒子的发光性质，并与块状材料的发光特性进行了对比分析，发现随着纳米颗粒周围硅酸盐壳层的增长，所需的最优铕浓度呈现下降趋势，这一现象表明纳米颗粒内部的能量转移过程受限于激发态 Eu^{3+} 的淬灭效应。2010 年，Xia 课题组通过水热法和表面活性剂诱导法成功制备了 YVO_4：

Eu^{3+}/Dy^{3+} 的不同形态变体。研究发现，随着主体晶形的变化，荧光粉的颜色特性也随之变化。这表明，主体晶形会影响矩阵中掺杂离子周围的局部对称性。2017 年，Peng 课题组通过柠檬酸盐溶胶-凝胶法成功制备了单独掺杂 Eu^{3+}、Dy^{3+} 或 Sm^{3+} 离子的 NGVO 荧光粉，证实了其为单斜晶相结构，且颗粒大小各异。NGVO 主体晶格在 467 nm 处展现出宽带蓝绿色发射。2018 年 Hussain 课题组借助溶胶-凝胶法成功合成了 $Na_3Gd(VO_4)_2$：RE^{3+}（RE^{3+} = $Eu^{3+}/Dy^{3+}/Sm^{3+}$）荧光粉，并系统地研究了不同掺杂稀土离子的荧光性能以及离子发光猝灭机制。2019 年，Kaur 课题组合成了单相 Eu^{3+} 激活的钙铋钒酸盐（$CaBiVO_5$）荧光粉。激发光谱表明，未掺杂的 CBV 样品在紫外和近紫外光谱区域有显著吸收，而 Eu^{3+} 掺杂的荧光粉在 n-UV 和蓝色区域以及主体吸收带中显示出各种尖锐的吸收带。在 342 nm 激发下，Eu^{3+} 激活的荧光粉在 613 nm 波长处显示出主导的红色发射峰，并伴有来自 VO_4 基团的弱宽带。2023 年，Dalal 课题组合成了 $Ca_9Gd(VO_4)_7$：Dy^{3+} 纳米荧光晶体，该纳米荧光晶体处于三斜晶格中，空间群为 R3c(161)，并且在近紫外（NUV）327 nm 激发下，纳米荧光晶体的光致发光特性对应于冷白光发射，研究发现这是因为在 487 nm 和 576 nm 处发生了 $^4F_{9/2} \to {}^6H_{15/2}$（蓝色）和 $^4F_{9/2} \to {}^6H_{13/2}$（黄色）辐射弛豫。

本章拟以非稀土离子 $(VO_4)^{3-}$ 作为发光中心，$KCaY(PO_4)_2$、$KMg_4(PO_4)_3$、$KBaPO_4$ 作为发光基质制备 $KCaY(PO_4)_2$：VO_4、$KMg_4(P_{1-x}O_4)_3$：$3xVO_4$、$KBa(PO_4)_{1-x}(VO_4)_x$ 荧光材料，并探究以 VO_4 分别作为基质 $KCaY(PO_4)_2$、$KMg_4(PO_4)_3$、$KBaPO_4$ 发光中心的发光机理，为 VO_4 发光基团代替稀土离子、过渡金属离子作为发光中心提供了一种新的思路。

7.2　发光基团 VO_4-激活磷酸盐材料的开发及光学性能研究实验

7.2.1　$KCaY(P_{1-x}O_4)_2$：$xV^{5+}(10\% \sim 50\%)$ 材料的制备

（1）按照掺杂钒的比例 10%、20%、30%、40%、50% 计算出碳酸钾、碳酸钙、氧化钇、磷酸氢铵、偏钒酸铵的质量，并用精确度 0.0001 g 的电子天平称出每个不同比例所对应试剂的质量，装入研钵中，并加入了适量的乙醇溶液，进行充分的研磨操作，确保固液两相能够均匀混合。

（2）将研磨后的粉末倒入坩埚中，并转入马弗炉进行焙烧。温度设置，以 3 ℃/min 的升温速度快速升温到 900 ℃，并保温 7 h，保温完成后自然降温到室温，收集样品倒入研钵研磨充分以待后期检测。

7.2.2 $KMg_4(P_{1-x}O_4)_3$ ：$3xVO_4$ 材料的制备

（1）掺杂钒的比例为 10%、20%、30%、40%、50%、60%、70%、80%，按化学式配比计算出所需碳酸钾、氧化镁、磷酸二氢铵和偏钒酸铵的质量，采用精确度 0.0001 g 的电子天平称量后，将固体装入研钵中，并向其中滴加一定量的乙醇溶液，固液混合均匀。

（2）向坩埚中加入经 7.2.1 节打磨后的样品粉末，使用马弗炉焙烧。以 3 ℃/min 的升温速度快速升温到 600 ℃，预烧 2 h，再以 5 ℃/min 的升温速度从 600 ℃升温到 1000 ℃，并保温 6 h，保温完成后自然降温到室温，收集样品倒入研钵研磨充分以待后期检测。

7.2.3 $KBa(PO_4)_{1-x}(VO_4)_x(x=0\sim100\%)$ 材料的制备

（1）掺杂钒的比例为 0、10%、20%、30%、40%、50%、60%、70%、80%、90%、100%，计算出实验所需原材料的质量，并用电子天平称量后倒入研钵，然后滴入几滴乙醇溶液浸湿粉末，固液混合均匀。

（2）将混合均匀的样品转入马弗炉中，以 3 ℃/min 的升温速度快速升温到 600 ℃，预烧 2 h，再以 5 ℃/min 的升温速度从 600 ℃升温到 950 ℃，并保温 6 h，保温完成后自然降温到室温，收集样品倒入研钵研磨充分以待后期检测。

7.3 系列样品性能研究

7.3.1 物相分析

图 7-1（a）为制备样品的 X 射线衍射图谱（XRD）。从图可知，当 V^{5+} 浓度为 0 时，荧光粉衍射峰峰位与晶体 $KCaY(PO_4)_2$（PDF#51-1632）匹配良好。继续增加 V^{5+} 浓度，样品中特征峰的位置及峰强度未发生明显变化。图 7-1（b）的 XRD 图谱显示，当 V^{5+} 离子的掺杂浓度为 0 时，对应于正交晶系的 $KBaPO_4$（PDF# 84-1462），其空间群为 Pnma，晶体学常数 $\alpha=\beta=\gamma=90°$；$a=5.6719(5)\times10^{-10}$ m、

$b = 7.7274(8) \times 10^{-10}$ m 和 $c = 10.0280(5) \times 10^{-10}$ m，并且无明显的杂质峰。图 7-1 (c) 为样品的 XRD 图谱，当 V 的掺杂浓度为 0 时，对应于斜方晶系的 $KMg_4(PO_4)_3$，晶体的正交空间结构常数 $\alpha = \beta = \gamma = 90°$，$a$ 为 6.2340×10^{-10} m，b 为 9.6764×10^{-10} m，c 为 16.5621×10^{-10} m（图 7-1 (d)），无明显杂质峰。随着 V^{5+} 浓度的增加，基质晶体衍射峰的位置以及峰的强度未出现明显变化。

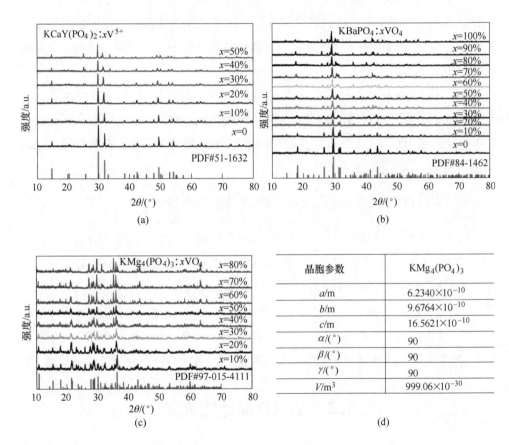

图 7-1　样品的物相图

(a) $KCaY(PO_4)_2$：$xV^{5+}(0 \leqslant x \leqslant 50\%)$ 的 XRD 图谱；(b) $KBaPO_4$：$xVO_4(0 \leqslant x \leqslant 100\%$ 的 XRD 图谱；

(c) $KMg_4(PO_4)_3$：$xVO_4(0 \leqslant x \leqslant 80\%)$ 的 XRD 图谱；(d) 基质 $KMg_4(PO_4)_3$ 的晶胞参数

图 7-2 为 $KBaPO_4$ 的晶体结构，Ba^{2+} 与 9 个 O^{2-} 配位，P^{5+} 以四面体形状与 4 个 O^{2-} 配位，K^+ 与 10 个 O^{2-} 配位。根据半径相近和元素价态相同原则，在该基质中，V^{5+} 离子进入 [PO_4] 四面体中。

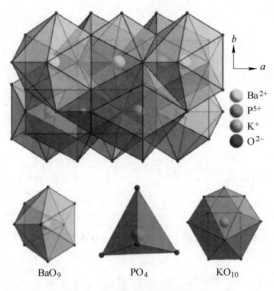

BaO_9 PO_4 KO_{10}

图 7-2   KBaPO$_4$ 的晶体结构

7.3.2 发光性能研究

7.3.2.1   KCaY(P$_{1-x}$O$_4$)$_2$: xV^{5+}(0≤x≤50%) 荧光粉的发光性能

图 7-3 (b) 为 KCaY(P$_{1-x}$O$_4$)$_2$: 2xVO$_4$(0.1≤x≤0.5) 荧光粉在 373 nm 紫外/近紫外芯片激发下，400~800 nm 范围内呈现宽带发射。随着 V^{5+} 掺杂浓度的增加，该发射光谱先增加后降低，当 V^{5+} 掺杂浓度达到 40%时，发射强度达到最大，最佳发射波长位于 550 nm，为绿光区，半峰全宽高达 200 nm。继续增加 V^{5+} 掺杂浓度，发光强度有着明显降低，这是因为 V^{5+} 离子间距离减小，无辐射跃迁作用增强，消耗激发态的能量，产生了浓度猝灭效应，稀土掺杂无机纳米材料的发光性能与发光中心离子的浓度密切相关。通过控制稀土离子的浓度并提高其猝灭浓度，可以有效地增强材料的发光性能。图 7-3 (a) 为 KCaY(PO$_4$)$_2$: V^{5+}荧光粉在监测波长为 550 nm 时的激发光谱图。该荧光粉在 250~450 nm 的范围内展现出宽带吸收特性，且该激发光谱随着 V^{5+} 掺杂量的增加先增加后降低，当 V^{5+} 掺杂量达到 40%时出现了浓度猝灭现象。

7.3.2.2   KMg$_4$(P$_{1-x}$O$_4$)$_3$: 3xVO$_4$(0.1≤x≤0.8) 荧光粉的发光性能

KMg$_4$(P$_{1-x}$O$_4$)$_3$: 3xVO$_4$(0.1≤x≤0.8) 样品的发射光谱与激发光谱如图

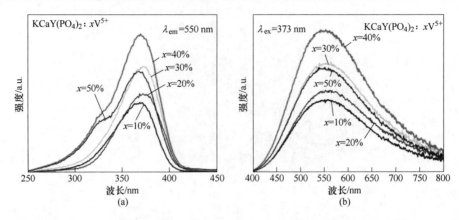

图 7-3　KCaY(P₁₋ₓO₄)₂：xV^{5+}（0≤x≤50%）荧光粉的激发和发射光谱图

(a) 激发光谱图；(b) 发射光谱图

7-4（a）和（b）所示。由图可知，荧光粉最佳激发峰位于 355 nm，该波长被识别为对样品具有显著激发效果的关键波长。它与紫外/近紫外芯片能够实现理想的适配，确保高效的能量传递。当样品受到 355 nm 光源的激发时，在 400 ～ 750 nm 的宽波长区间内产生强烈的宽带发射现象，其中最佳发射峰位于 550 nm 处。针对这一最佳发射波长（550 nm），我们进行了详细的激发光谱监测，设定监测范围为 200～450 nm。结果显示，KMg₄(P₁₋ₓO₄)₃：$3xVO_4$ 的系列样品（其中 x 的取值为 0.1～0.8），均呈现出宽泛的吸收带特征。随着 VO₄ 掺杂量的增加激发光谱出现大幅度的红移，高达 60 nm，样品中出现的衍射峰向高角度偏移，可能是由其晶体表面存在的缺陷所导致。

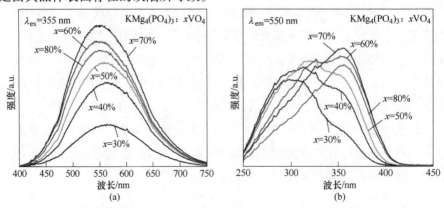

图 7-4　KMg₄(P₁₋ₓO₄)₃：$3xVO_4$（0.1≤x≤0.8）荧光粉的激发和发射光谱图

(a) 发射光谱图；(b) 激发光谱图

7.3.2.3 KBa(PO₄)₁₋ₓ(VO₄)ₓ(x=0~100%) 荧光粉的发光性能

激发光谱是荧光材料吸收特定波长的光子并跃迁至激发态后，再回到基态时发出荧光这一物理过程的表征。发射光谱是荧光材料在受到特定波长的激发光照射后，在不同波长处发射荧光的强度分布。

KBa(PO₄)₁₋ₓ(VO₄)ₓ(x = 0 ~ 100%) 荧光粉的激发光谱和发射光谱如图7-5（a）和（b）所示。由图可知，在371 nm 紫外芯片激发下，随着 V⁵⁺离子掺杂比例的提高，在400~800 nm 的宽波段范围宽带发射，其发射强度先上升后下降，当 V⁵⁺的掺杂量达到80%时，发射强度达到最大，最佳发射波长为513 nm。在513 nm 监测下，荧光粉的激发光谱，在300~425 nm 范围内呈现宽带吸收，激发光谱随着 V⁵⁺离子掺杂量的增加，该荧光粉的激发强度也呈现先增后减的趋势。并且当 V⁵⁺的掺杂量达到80%时，发射强度达到最大，最佳发射波长为370 nm，此波长与紫外/近紫外光芯片的兼容性较好。

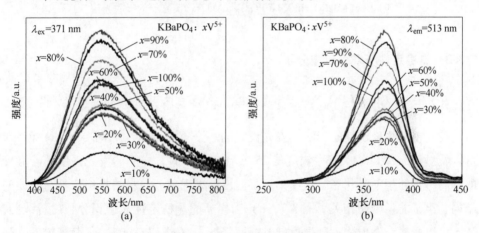

图 7-5 KBa(PO₄)₁₋ₓ(VO₄)ₓ(x=0~100%) 荧光粉的激发和发射光谱图

（a）发射光谱图；（b）激发光谱图

吸收光谱反映的是材料在不同波长的入射光照射下被吸收的程度，要得到荧光材料的吸收光谱，可以通过调整入射光的波长并记录对应的吸光度，一般通过朗伯-比尔定律（Lambert-Beer Law）来计算样品的吸光度。

$$A = \epsilon \cdot c \cdot l$$

式中，A 为吸光度，反映样品对特定波长光的吸收程度；ϵ 为摩尔吸光系数，单位通常是 L/(mol·cm)，它描述物质在单位浓度和单位长度下的吸光能力；c 为样品的摩尔浓度，mol/L；l 为光路长度，即样品的厚度，cm。

图 7-6 为 $KBaPO_4$ 和 $KBa(PO_4)_{0.2}(VO_4)_{0.8}$ 荧光粉的吸收光谱，其中 $KBa(PO_4)_{0.2}(VO_4)_{0.8}$ 样品在 371 nm 处出现强的吸收峰。

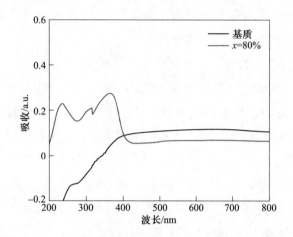

图 7-6　$KBaPO_4$ 和 $KBa(PO_4)_{0.2}(VO_4)_{0.8}$荧光粉的吸收光谱

7.3.3　热稳定性与寿命衰减分析

7.3.3.1　$KCaY(PO_4)_2$：V^{5+}荧光粉的热稳定性

荧光粉的热稳定性是影响其发光性能的一个重要因素。如图 7-7（a）所示，可以看出 $KCaY(PO_4)_2$：V^{5+}温度从 25 ℃到 200 ℃时，样品的发光强度随着温度的升高一直处于下降状态，这是出现了温度猝灭现象。材料的热稳定性与基质的结构、声子能量密切相关。图 7-7（b）为样品的热稳定性光谱积分强度折线图，从图可以看出，发射强度随温度的升高而降低，$KCaY(PO_4)_2$：V^{5+}荧光粉发光强度相比于室温下（20 ℃）保持率为 43.75%，稍低于 $Gd_{0.85}PO_4$：15% Tb^{3+}（101.27%）发光材料，因为 $Gd_{0.85}PO_4$：15%Tb^{3+}荧光粉具有良好的热稳定性，这与 $GdPO_4$ 稳定的晶体结构及较低的声子能量有着一定的关系。

7.3.3.2　$KMg_4(PO_4)_3$：70%VO_4 荧光粉的热稳定性

热稳定性是表征荧光粉体发光性能的重要参数之一，图 7-8（b）为 $KMg_4(PO_4)_3$：70%VO_4 的热稳定性光谱图。测试结果显示，温度从 20 ℃升到 230 ℃时，$KMg_4(PO_4)_3$：70%VO_4 的热稳定性逐渐降低。当温度升高到 150 ℃时

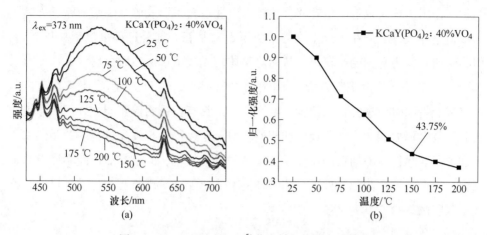

图 7-7　$KCaY(PO_4)_2$：V^{5+} 荧光粉的热稳定性能图

（a）温度猝灭图；（b）热稳定性光谱积分强度折线图

$KMg_4(PO_4)_3$：$70\%VO_4$ 荧光粉发光强度相比于室温下（20 ℃）保持率为 31.06%，低于 150 ℃时 $Ca_8MgLa(PO_4)_7$：Eu^{3+} 的保持率为 55.0%。初步判断为由以下原因引起：

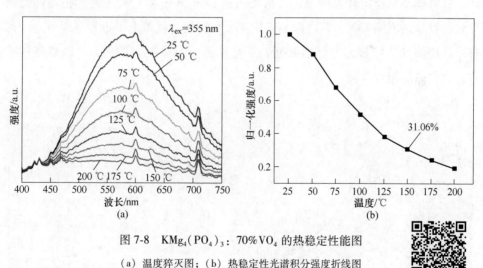

图 7-8　$KMg_4(PO_4)_3$：$70\%VO_4$ 的热稳定性能图

（a）温度猝灭图；（b）热稳定性光谱积分强度折线图

图 7-8 彩图

（1）晶格应力与结构畸变：当离子尺寸或电荷特性与晶格中原子不兼容时，会在晶体内部诱发应力分布与局部结构失谐。这种不协调状态导致晶格产生应变，进而引发局域的晶格畸变。这种畸变效应显著增强了电子能级的非均匀展宽现象，使得电子更易于通过与声子（即晶格振动的基本量子单元）

的相互作用实现无辐射能量转移。相较于以发射光子形式进行的辐射跃迁，这类非辐射路径允许电子在不产生光的情况下返回基态。这一过程虽然消耗了能量，但却未能转化为有用的光输出，从而对整体发光效率造成负面影响。

（2）缺陷与能量陷阱效应：不匹配离子的引入还可能在晶格中孕育出缺陷站点或能量陷阱。这些特殊位置对电子和空穴具有较强的俘获能力，促使载流子在此处复合释放能量，而非经由期望的辐射跃迁途径参与发光过程。此类陷阱不仅加速了非辐射衰减通道的运作，直接削减发光效率，而且其活性随温度升高而增强。这意味着在高温条件下，陷阱辅助的非辐射衰减现象更为显著，进一步削弱了材料的热稳定发光性能。

7.3.3.3　KBa(PO$_4$)$_{0.2}$(VO$_4$)$_{0.8}$的热稳定性

图 7-9（a）为 KBa(PO$_4$)$_{0.2}$(VO$_4$)$_{0.8}$的温度猝灭图，测试结果显示，当温度从 25 ℃升高到 200 ℃时，该荧光材料的发光强度逐渐降低。而根据图 7-9（b）可知，当样品升温至 150 ℃时，其热稳定性只有室温状态下的 7.31%。

针对样品热稳定性差的原因，猜测可能是 V 离子和 P 离子的晶格不匹配所导致，当晶格不匹配时，其内部会产生应力和畸变，使得电子更容易通过声子的相互作用而发生过多的非辐射跃迁，并且可能会发生能量散射，导致热能的积累，材料热稳定性较差。

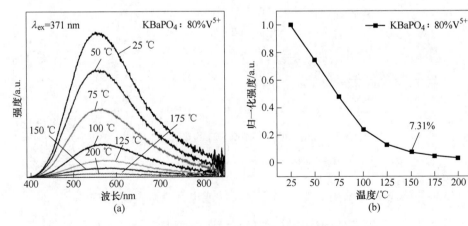

图 7-9　KBa(PO$_4$)$_{0.2}$(VO$_4$)$_{0.8}$的热稳定性能图

（a）温度猝灭图；（b）热稳定性光谱积分强度折线图

7.3.3.4 KCaY(PO₄)₂：V⁵⁺荧光粉的衰减寿命

图 7-10（a）为 $KCaY(PO_4)_2$：V^{5+} 样品在监测波长为 550 nm、激发波长为 373 nm 条件下测得荧光寿命衰减曲线。根据双指数函数模型，可知荧光强度随时间的变化关系。在这个模型中，双指数函数为 $I = I_0 + A_1 \exp(-t/\tau_1) + A_2 \exp(-t/\tau_2)$，$I$ 和 I_0 分别为 t 时刻和 0 时刻的发光强度，A_1 和 A_2 为拟合常数，而 τ_1 和 τ_2 分别为短寿命和长寿命。接着利用公式计算出 τ：$\tau = (A_1\tau_1^2 + A_2\tau_2^2)/(A_1\tau_1 + A_2\tau_2)$，得知 $KCaY(PO_4)_2$：V^{5+} 的荧光粉的平均寿命为 18.99 μs。从图还可以看出，随着 V^{5+} 浓度的增加，荧光寿命减短，这是因为荧光寿命值降低的主要原因是晶格中 V^{5+} 离子浓度增加导致 V^{5+} 间距减小，交叉弛豫过程变得更加频繁，从而加快能量转

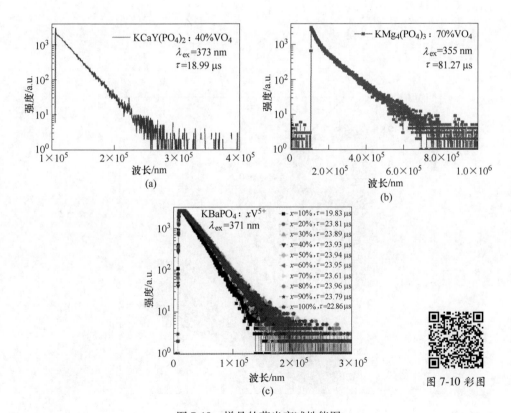

图 7-10 样品的荧光衰减性能图

（a）$KCaY(PO_4)_2$：40%VO_4；（b）$KMg_4(PO_4)_3$：70%VO_4；（c）$KBaPO_4$：xV^{5+}（$x=10\%\sim100\%$）

图 7-10 彩图

移速率。而 $KMg_4(PO_4)_3$：70% VO_4 的荧光粉平均发光寿命为 81. 27 μm（图 7-10（b））。图 7-10（c）为 $KBa(PO_4)_{1-x}(VO_4)_x(x=10\%\sim100\%)$ 荧光粉的寿命衰减曲线，所有曲线都能使用单指数函数拟合，这说明 V^{5+} 离子在该基质中处于单个晶格位点，并且衰减时间约为 3×10^5 ns。

7.3.4　色度坐标分析

图 7-11（a）为 373 nm 激发下 $KCaY(PO_4)_2$：$V^{5+}(x=0.1，0.2，0.3，0.4，0.5)$ 色度坐标图。从图中可以看出，不同 V^{5+} 浓度掺杂下 $KCaY(PO_4)_2$：V^{5+} 样品的色度坐标点基本重合，发射光的颜色基本一致，发光颜色为黄绿色。因此，该实验样品在紫外光照射下呈现黄绿光。图 7-11（b）显示的是 $KMg_4(PO_4)_3$：70% VO_4 的 CIE 色度图，样品在 355 nm 的刺激下，色度达到 70%，发射光谱也坐落在绿光区域。

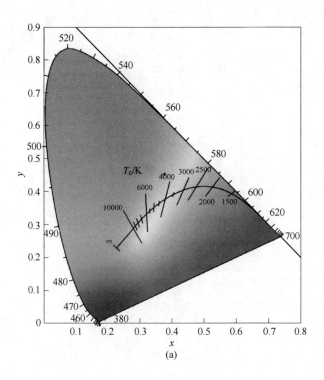

(a)

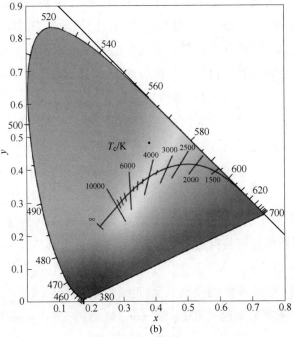

图 7-11 彩图

图 7-11　样品的色度分析图

（a）$KCaY(PO_4)_2$：40%VO_4；（b）$KMg_4(PO_4)_3$：70%VO_4

7.4　结　论

固相法成功合成了具有宽激发（吸收）与宽发射带的 $KCaY(PO_4)_2$：V^{5+}、$KMg_4(PO_4)_3$：70%VO_4 和 $KBa(PO_4)_{1-x}(VO_4)_x$ 等材料。为了研究该荧光粉的性能，利用 X 射线衍射仪进行了结构分析，通过稳态瞬态荧光光谱仪研究了其发光特性，并借助热猝灭光谱等手段对其热稳定性进行了表征。得出样品的物相及发光性能具体结论如下：

（1）通过 XRD 图谱的分析，可以确认成功制备了纯相的 $KCaY(P_{1-x}O_4)_2$：xV^{5+} 荧光粉，并且 V^{5+} 离子在晶体中成功替代了 Y^{3+} 离子的位置。在激光谱中，激发峰强度最高在 550~575 nm 之间，该现象表明 550~575 nm 波长的光线能够有效地激发该荧光粉。在发射谱中，发射峰最高在 350~375 nm 之间。不管是激发强度还是发射强度，都会随着 V^{5+} 的浓度增加而先增大后减小，且 V^{5+} 浓度在

40%时，发光强度为最佳强度。所以可以得出：发光强度有着明显降低，这是因为 V^{5+} 离子间距离减小，无辐射跃迁作用增强，消耗激发态的能量，产生了浓度猝灭效应，稀土掺杂无机纳米材料的发光性能与发光中心离子的浓度密切相关。从温度猝灭图和热稳定性光谱积分强度折线图，可以得出 $KCaY(PO_4)_2$：V^{5+} 温度从 25 ℃到 200 ℃时，样品的发光强度随着温度的升高先增大后减小，这是出现了温度猝灭现象，且发射强度随温度的升高而降低。$KCaY(PO_4)_2$：V^{5+} 荧光粉发光强度相比于室温下（20 ℃）保持率为 43.75%，稍低于 $Gd_{0.85}PO_4$：$15\%Tb^{3+}$（101.27%）发光材料。通过荧光衰减曲线分析，利用公式可以计算出 $KCaY(P_{1-x}O_4)_2$：xV^{5+} 荧光寿命为 18.99 μs，可以得出，随着 V^{5+} 浓度的增加，荧光寿命减短，这是因为荧光寿命值降低主要是因为晶格中 V^{5+} 浓度增加导致 V^{5+} 间距减小，交叉弛豫过程变得更加频繁，从而加快能量转移速率。

（2）XRD 图谱确认了 $KMg_4(P_{1-x}O_4)_3$：$3xVO_4$ 荧光粉的晶体结构与纯度，显示 VO_4 掺杂未引发显著物相变化，保证了材料结构稳定。最佳激发波长为 355 nm，样品展现宽带发射（400~700 nm，峰值约 550 nm）。VO_4 掺杂量增至 70%时，发射强度达峰值，体现高效能量转换。热稳定性测试显示，随着温度升高，发光强度会有所减弱。掺杂 70% VO_4 的样品在 150 ℃时保持 31.06%室温发光强度，虽略低于其他发光材料（$Ca_8MgLa(PO_4)_7$：Eu^{3+}），仍展示一定的高温工作能力。

（3）X 射线衍射图确定了 $KBa(PO_4)_{1-x}(VO_4)_x$（$x=0\%~100\%$）系列荧光材料的晶体结构，样品的激发峰位于 371 nm，此波长与紫外/近紫外光芯片的兼容性较好，并且采用 371 nm 波长作为激发源时，该荧光粉能在 400~800 nm 的宽波段范围内展现出发射光谱，最佳发射波长为 513 nm。随着 V^{5+} 离子掺杂比例的提高，荧光粉的发射强度和激发强度均呈现先增后减的趋势。在采用 371 nm 的最佳激发光条件下，观测到发射光谱覆盖了 400~750 nm 区间，向样品中掺入不同比例的 V^{5+} 离子时，发射强度呈现出上升趋势，最终确定 V^{5+} 的最佳掺杂比例为 80%。并且由于 V 离子和 P 离子的晶格不匹配，电子通过声子的相互作用而发生了过多的非辐射跃迁和能量的散射，导致热能的积累，材料热稳定性较差，当样品温度从室温升高至 200 ℃时，该荧光材料的发光强度逐渐下降，升温至 150 ℃时，其热稳定性只有室温状态下的 7.31%。

参 考 文 献

［1］ 怀素芳，李旭，崔敏敏．新一代照明光源白光 LED 的发展概况［J］．物理通报，
2007（11）：53-55.

［2］ 细川昌治，仓本大树．氮化物荧光体的制造方法［P］．日本：CN107557005B，2021-
10-19.

［3］ 中村修二，长滨慎一，岩佐成人，等．氮化物半导体发光器件［P］．日本：CN1132942，
1996-10-09.

［4］ ING JR S W, JENSEN H A, STERN B. GaAs p-Si-n nagative resistance infrared emitting diode
at liquid N_2 and room temperature［J］. Applied Physics Letters, 1964, 4（9）: 162-164.

［5］ SOO Y L, MING Z H, HUANG S, et al. Local structures around Mn luminescent centers in
Mn-doped nanocrystals of ZnS［J］. Physical review. B, Condensed matter, 1994, 50（11）:
7602-7610.

［6］ KUO C H, SHEU J K, CHANG S J, et al. n-UV + blue/green/red white light emitting diode
lamps［J］. Japanese Journal of Applied Physics Part Ⅰ, 2003, 42（4B）: 2284-2287.

［7］ 尹长安，赵成久，刘学彦，等．白光 LED 的最新进展［J］．发光学报，2000，21（4）：
380-382.

［8］ 井艳军．适用于白光 LED 的红色荧光粉的研究进展［J］．稀土信息，2007（3）：9-11.

［9］ 张凯，刘河洲，胡文彬．白光 LED 用荧光粉的研究进展［J］．材料导报，2005，19（9）：
50-53.

［10］ 徐修冬，许贵真，吴占超，等．白色发光二极管用荧光粉研究进展（Ⅰ）——蓝光或近
紫外光发射半导体芯片激发的荧光粉［J］．中山大学学报：自然科学版，2007，
46（5）：124-128.

［11］ 刘霁，李万万，孙康．白光 LED 及其涂敷用荧光粉的研究进展［J］．材料导报，2007，
21（8）：116-120.

［12］ TAGUCHI T. Present status of energy saving technologies and future prospect in white LED
lighting［J］. IEEJ Transactions on Electrical and Electronic Engineering, 2008, 3（1）:
21-26.

［13］ 李建宇．稀土发光材料及其应用［M］．化学工业出版社，2003：5-12.

［14］ LIN Y C, KARLSSON M, BETTINELLI M, Inorganic phosphor materials for lighting［M］.
Topic in Current Chemistry, 2016, 374: 21.

［15］ LEVER A B P. The Crystal field splitting parameter Dq: Calculation and significance［M］.
Kauffman G B. Werner Centen-nial. Washington D. C.: American Chemical, 1967.

[16] SHAO Q Y, DING H, YAO L Q, et al. Photoluminescence properties of a $ScBO_3$: Cr^{3+} phosphor and its applications for broadband nearinfrared LEDs [J]. RSC Advances, 2018, 8 (22): 12035-12042.

[17] YAO L Q, SHAO Q Y, HAN S Y, et al. Enhancing near-infrared photoluminescence intensity and spectral properties in Yb co-doped $LiScP_2O_7$: Cr [J]. Chemistry of Materials, 2020, 32 (6): 2430-2439.

[18] 张亮亮, 张家骅, 郝振东, 等. Cr^{3+}掺杂的宽带近红外荧光粉及其研究进展 [J]. 发光学报, 2019, 40 (12): 1449-1459.

[19] FRANK S. Ham. The Jahn-Teller effect: A retrospective view [J]. Journal of Luminescence, 2000, 85 (4): 193-197.

[20] McCumber D E. Effect of lattice dynamics on optical properties [J]. Journal of Luminescence, 2000, 85 (4): 171-175.

[21] 黄昆. 晶格弛豫和多声子跃迁理论 [J]. 物理学进展, 1981, 1 (1): 31-85.

[22] GRINBERG M, SUCHOCKI A. Pressure-induced changes in the energetic structure of the $3d^3$ ions in solid matrices [J]. Journal of Luminescence, 2007, 125 (1/2): 97-103.

[23] JIN C, LI R Y, LIU Y F, et al. Efficiency and stable $Gd_3Ga_5O_{12}$: Cr^{3+} phosphors for high-performance NIR LEDs [J]. Advanced Optical Materials, 2023, 11 (6): 230 0772-230 0779.

[24] LI C J, ZHONG J Y. Highly efficient broadband near-infrared luminescence with zero-thermal-quenching in garnet $Y_3In_2Ga_3O_{12}$ [J]. Chemistry of Materials, 2022, 34: 8418-8426.

[25] XIE J H, TIAN J H, ZHUANG W D. Near-infrared $LuCa_2ScZrGa_2GeO_{12}$: Cr^{3+} garnet phosphor with ultra-broadband emission for NIR LED application [J]. Inorganic Chemistry, 2023, 62 (27): 10772-10779.

[26] LIU D J, LI G G, DANG P P, et al. Valence conversion and site reconstruction in near-infrared-emitting chromium-activated garnet for simultaneous enhancement of quantum efficiency and thermal stability [J]. Light: Science & Applications, 2023, 12: 248-259.

[27] LIU S Q, DU J X, SONG Z, et al. Intervalence charge transfer of Cr^{3+}-Cr^{3+} aggregation for NIR-II luminescence [J]. Light: Science & Applications, 2023, 12: 181-190.

[28] SINGH V, SIVARAMAIAH G, RAO J L, et al. EPR and optical investigations of $LaMgAl_{11}O_{19}$: Cr^{3+} phosphor [J]. Materials Research Bulletin, 2014, 60: 397-400.

[29] HE S, ZHANG L L, WU H, et al. Efficient super broadband NIR $Ca_2LuZr_2Al_3O_{12}$: Cr^{3+}, Yb^{3+} garnet phosphor for pc-LED light source toward NIR spectroscopy application [J]. Advanced Optical Materials, 2020, 8 (6): 1901684. 1-1901684. 7.

[30] HUYEN N T, TU N, TUNG D T, et al. Photoluminescent properties of red-emitting phosphor

$BaMgAl_{10}O_{17}$: Cr^{3+} for plant growth LEDs [J]. Optical Materials, 2020, 108: 110207. 1-110207. 7.

[31] WANG S W, PANG R, TANG T, et al. Achieving high quantum efficiency broadband NIR $Mg_4Ta_2O_9$: Cr^{3+} phosphor through lithium-ion compensation [J]. Advanced Materials, 2023, 35 (22): 2300124-2300131.

[32] ZHONG J Y, ZHUO Y, DU F, et al. Efficient broadband near-infrared emission in the $GaTaO_4$: Cr^{3+} phosphor [J]. Advanced Optical Materials, 2021, 10 (2): 2101800-2101807.

[33] WEI G H, WANG Z J, LI R, et al. Enhancement of near-infrared phosphor luminescence properties via construction of stable and compact energy transfer paths [J]. Advanced Optical Materials, 2021, 10 (18): 2201076-2201083.

[34] ZHANG Q H, WEI X, ZHOU J B, et al. Thermal stability improvement of Cr^{3+}-activated broadband near-infrared phosphors via state population optimization [J]. Advanced Optical Materials, 2023, 11 (14): 2300310-2300317.

[35] LI R Y, LIU Y F, YUAN C X, et al. Thermally stable $CaLu_2Mg_2Si_3O_{12}$: Cr^{3+} phosphors [J]. Advanced Optical Materials, 2021, 9 (16): 2100388. 1-2100388. 7.

[36] FANG M H, HUANG P Y, BAO Z, et al. Penetrating biological tissue using light-emitting diodes with a highly efficient near-infrared $ScBO_3$: Cr^{3+} phosphor [J]. Chemistry of Materials, 2020, 32 (5): 2166-2171.

[37] ZOU Y F, HU C, LV S K, et al. Realization of broadband near-infrared emission with high thermal stability in $YGa_3(BO_3)_4$: Cr^{3+} borate phosphor [J]. Inorganic Chemistry, 2023, 62 (48): 19507-19515.

[38] YUAN L F, JIN Y H, ZHU D Y, et al. Ni^{2+}-doped yttrium aluminum gallium garnet phosphors: Bandgap engineering for broad-band wavelength-tunable shortwave infrared long persistent luminescence and photochromism [J]. ACS Sustainable Chemistry & Engineering, 2020, 8 (16): 6543-6550.

[39] ZHU F M, GAO Y, ZHU B M, et al. Ni^{2+}-doped $MgTa_2O_6$ phosphors capable of near-infrared II and III emission under blue-light excitation [J]. Chemical Engineering Journal, 2024, 479: 147568. 1-147568. 8.

[40] LIU B M, GUO X X, GAO L Y, et al. A high-efficiency blue-LED-excitable NIR-II-emitting MgO: Cr^{3+}, Ni^{2+} phosphor for future broadband light source toward multifunctional NIR spectroscopy applications [J]. Chemical Engineering Journal, 2023, 452: 139313. 1-139313. 8.

[41] MIAO S H, LIANG Y J, SHI R Q, et al. Broadband short-wave infrared-emitting $MgGa_2O_4$: Cr^{3+}, Ni^{2+} phosphor with near-unity internal quantum efficiency and high thermal stability for light-emitting diode applications [J]. ACS Applied Materials & Interfaces, 2023, 15 (27):

32580-32588.

[42] ZHANG Q Q, LIU D J, WANG Z N, et al. LaMgGa$_{11}$O$_{19}$: Cr^{3+}, Ni^{2+} as blue-light excitable near-infrared luminescent materials with ultra-wide emission and high external quantum efficiency [J]. Advanced Optical Materials, 2023, 11: 2202478. 1-2202478. 9.

[43] LU X R, GAO Y, CHEN J Y, et al. Long-wavelength near-infrared divalent nickel-activated double-perovskite Ba$_2$MgWO$_6$ phosphor as imaging for human fingers [J]. ACS Applied Materials & Interfaces, 2023, 15 (33): 39472-39479.

[44] TANG C J, LIU B M, HUANG L, et al. Ni^{2+}-activated MgTi$_2$O$_5$ with broadband emission beyond 1200 nm for NIR-Ⅱ light source applications [J]. Journal of Material Chemistry C, 2022, 10 (48): 18234-18240.

[45] CHEN J Y, GAO Y, CHEN J L, et al. Designing and controlling the Ni^{2+}-activated (Zn, Mg) Al$_2$O$_4$ spinel solid-solution for phosphor-converted broadband near-infrared illumination [J]. Journal of Materials Chemistry C, 2023, 11 (6): 2217-2228.

[46] LEVINE A K, PALILLA F C. A new highly efficient red-emitting cathodoluminescent phosphor (YVO$_4$: Eu) for color television [J]. Applied Physics Letters, 1964, 5 (6): 118-120.

[47] BRIXNER L H, FLORNER P A. 正钒酸钙 Ca$_3$(VO$_4$)$_2$———一种新的光激射器基质晶体 [J]. 激光与光电子学发展, 1965, 2 (7/8): 27-36.

[48] LI L, LIU X G, NOH H M. Chemical bond parameters and photoluminescence of a natural-white-light Ca$_9$La (VO$_4$)$_7$: Tm^{3+}, Eu^{3+} with one O^{2-} → V^{5+} charge transfer and dual f-f transition emission centers [J]. Journal of Solid State Chemistry, 2015, 221 (1): 95-101.

[49] TANG Q, WU Y, QIU K H. Synthesis and photoluminescence enhancement of Ca$_3$Sr$_3$(VO$_4$)$_4$: Eu^{3+} red phosphors by co-doping with La^{3+} [J]. Ceramics International, 2018, 44 (6): 1-11.

[50] YANG T, KE H. Synthesis and luminescence enhancement of Eu^{3+}/Sm^{3+} co-doped Ca$_9$Bi (VO$_4$)$_7$ phosphor for white-light-emitting diodes [J]. Journal of Materials Science: Materials in Electronics, 2019, 30 (3): 3045-3054.

[51] 董浩, 朱光平, 代凯, 等. Ho^{3+}-Yb^{3+}共掺杂 La$_2$O$_3$ 上转换发光性质的研究 [J]. 江西师范大学学报, 2018, 42 (5): 459-463.

[52] HSIAO Y J, CHAI Y L, LW J, et al. Optical characteristics of LiZnVO$_4$ green phosphor at low temperature preparation [J]. Materials Letters, 2012, 70: 163-166.

[53] WU Y T, CHEN M, QIU K H. Photoluminescence enhancement of Ca$_3$Sr$_3$(VO$_4$)$_4$: Eu^{3+}, Al^{3+} red-emitting phosphors by charge compensation [J]. Optics and Laser Technology, 2019, 118: 20-27.

[54] NAKAJIMA T, ISOBE M, TSUCHIYA T, et al. A revisit of photoluminescence property for vanadate oxides AVO(3) (A: K, Rb and Cs) and $M_3V_2O_8$ (M: Mg and Zn) [J]. Journal of Luminescence, 2009, 129 (12): 1598-1601.

[55] MATSUSHIMA Y, KOIDE T, MASAHIRO H O, et al. Self-activated vanadate compounds toward realization of rare-earth-free full-color phosphors [J]. Journal of the American Ceramic Society, 2015, 98 (4): 1236-1244.

[56] NAKAJIMA T, ISOBE M, WZAWA Y, et al. Rare earth-free high color rendering white light-emitting diodes using $CsVO_3$ with highest quantum efficiency for vanadate phosphors [J]. Journal of Materials Chemistry C., 2015, 3 (41): 10748-10754.

[57] ZUBKOV V G, TYUTYUNNIK A P, TARAKINA N V, et al. Synthesis, crystal structure and luminescent properties of pyrovanadates $A_2CaV_2O_7$ (A = Rb, Cs) [J]. Solid State Sciences, 2009, 11 (3): 726-732.

[58] NAKAJIMA T, ISOBE M, TSUCHIYA T, et al. Photoluminescence property of vanadates $M_2V_2O_7$ (M: Ba, Sr and Ca) [J]. Optical Materials, 2010, 32 (12): 1618-1621.

[59] HSIAO Y J, CHAI Y L, JI L W, et al. Optical characteristics of $LiZnVO_4$ green phosphor at low temperature preparation [J]. Materials Letters, 2012, 70: 163-166.

[60] SLOBODIN B V, ISHCHENKO A V, SAMIGULLINA R F, et al. Thermochemical and luminescent properties of $RbVO_3$, $CsVO_3$, and $Rb_{0.5}Cs_{0.5}VO_3$ [J]. Inoranic Materials, 2011, 47 (10): 1126-1131.

[61] CHEN X, XIA Z G, YI M, et al. Rare-earth free self-activated and rare-earth activated $Ca_2NaZn_2V_3O_{12}$ vanadate phosphors and their color-tunable luminescence properties [J]. Journal of Physics & Chemistry of Solids, 2013, 74 (10): 1439-1443.

[62] HUANG J F, SLEIGHT A W. Synthesis, crystal structure, and optical properties of a new bismuth magnesium vanadate: $BiMg_2VO_6$ [J]. Journal of Solid State Chemistry, 1992, 100 (1): 170-178.

[63] HAZENKAMP M F, STRIJBOSCH A W P M, BLASSE G. Anomalous luminescence of two d_0 transition-metal complexes: $KVOF_4$ and K_2NbOF_5 · H_2O [J]. Journal of Solid State Chemistry, 1992, 97 (1): 115-123.

[64] CHENG K, LI C C, XIANG H C, et al. Phase formation and microwave dielectric properties of $BiMVO_5$ (M = Ca, Mg) ceramic potential for LTCC application [J]. Journal of the American Ceramic Society, 2018, 102 (1): 362-371.

[65] SHINDE K N, SINGH R, DHOBLE S J. Photoluminescence characteristics of the single-host white-light-emitting $Sr_{3-3x/2}(VO_4)_2$: xEu($0 \leqslant x \leqslant 0.3$) phosphors for LEDs [J]. Journal of Luminescence, 2014, 146: 91-96.

［66］ GOBRECHT H, HAMANN K, WILLERS G. Complex plane analysis of heat capacity of polymers in the glass transition region ［J］. Journal of Physics E Scientific Instruments, 1971, 4 (1): 21-23.

［67］ 于尚君, 李金凯, 段广斌, 等. 石榴石型铝酸盐发光材料的研究进展 ［J］. 济南大学学报, 2020, 34 (3): 197-202.

［68］ 宫丽, 冯现祥, 逯瑶, 等. Ta 掺杂对 ZnO 光电材料性能影响的研究 ［J］. 物理学报, 2012, 61 (9): 391-396.

［69］ 姚子凤, 戴振翔, 郑颖鸿, 等. Na 和 Nb 掺杂的 $Y_{0.75}Bi_{0.15}Sm_{0.10}VO_4$ 荧光粉制备及其发光性能 ［J］. 安徽大学学报, 2018, 42 (6): 83-87.

［70］ HUO J S, ZHU J D, WU S H, et al. Influence of processing parameters on the luminescence of Eu^{3+} activated $YTa_{1-x}Nb_xO_4$ phosphors by a molten salt method ［J］. 2015, 158: 417-421.

［71］ WANG X J, FENG X W, GONG C S, et al. $(La,Dy)_2W_2O_9$ tungstates: Selected synthesis, enhanced luminescence through Gd^{3+} co-doping and favorable quantum efficiency ［J］. Advanced Powder Technology, 2022, 33: 103392-103399.

［72］ WANG X J, DU P P, LIU W G, et al. Organic-free direct crystallization of t-$LaVO_4$: Eu nanocrystals with favorable luminescence for LED lighting and optical thermometry ［J］. Journal of Materials Science & Technology, 2020, 9: 13264-13273.

［73］ WANG C, XIN S Y, WANG X C, et al. Double substitution induced tunable photoluminescence in the $Sr_2Si_5N_8$: Eu phosphor lattice ［J］. New Journal of Chemistry, 2015, 39: 6958-6964.

［74］ DENAULT K A, BRGOCH J, KLOß S D, et al. Average and local structure, Debye temperature, and structural rigidity in some oxide compounds related to phosphor hosts ［J］. ACS Applied Materials & Interfaces, 2015, 7: 7264-7272.

［75］ WU D W, ZHOU J C, LIN X R, et al. Structure, luminescence, and energy transfer of a narrow-band green-emitting phosphor for near-ultraviolet light-emitting diode-driven liquid-crystal display ［J］. ACS Applied electron materials, 2021, 3: 406-414.

［76］ CHEN J, LIU Y A, MEI L F, et al. Design of a yellow-emitting phosphor with enhanced red emission via valence state-control for warm white LEDs application ［J］. Scientific Reports, 2016, 6: 31199-31209.

［77］ MEI L F, LIU H K, LIAO L B, et al. Structure and photoluminescence properties of red-emitting apatite-type phosphor $NaY_9(SiO_4)_6O_2$: Sm^{3+} with excellent quantum efficiency and thermal stability for solid-state lighting ［J］. Scientific Reports, 2017, 7: 15171-15178.

［78］ ZHANG S, HAO Z D, ZHANG L L, et al. Efficient blue-emitting phosphor $SrLu_2O_4$: Ce^{3+}

with high thermal stability for near ultraviolet (~400 nm) LED-chip based white LEDS [J]. Scientific Reports, 2018, 8: 10463-10470.

[79] GOBRECHT H, HRINSOHN G. Uber die lumineszenz der alkali vanadate [J]. Z Physik, 1957, 147: 350-360.

[80] NAKAJIMA T, ISOBE M, TSUCHIYA T, et al. Direct fabrication of metavanadate phosphor films organic substrates for white-light-emitting devices [J]. Nature Materials, 2008, 7 (9): 735-740.

[81] MATSUURA T, MIYAZAKI H, OTA T. Low-temperature synthesis of white-light-emitting $CsVO_3$ nanoparticles by an aqueous solution route [J]. Journal of the Ceramic Society of Japan, 2017, 125: 657-659.

[82] QIAO X B, LI Y Z, WAN Y P, et al. Preparation, characterization and high quantum efficiency of yellow-emitting $CsVO_3$ nanofibers [J]. Journal of Alloys and Compounds, 2016, 656: 843-848.

[83] SUN G Y, LI W J, JI S D, et al. Heterogeneity in optimized solid-state synthesis of metavanadate AVO_3 (A = Rb, Cs) [J]. Research on Chemical Intermediates, 2017, 43: 341-352.

[84] CARVAJAL J J, WOENSDREGT C F, SOLE R, et al. Change in the morphology of $RbTiOPO_4$ introduced by the presence of Nb [J]. Crystal Growth & Design, 2006, 6: 2667-2673.

[85] PEÑA A, CARVAJAL J J, PUJOLM C, et al. Yb^{3+} spectroscopy in (Nb or Ta): $RbTiOP_4$ single crystals for laser application [J]. Optical Express, 2007, 15 (22): 14580-14590.

[86] ZI Z Q, CHEN Y, ZHU P F, et al. Top-seeded solution growth and morphology change of $RbTiOPO_4$: Ta single crystal [J]. Journal of Crystal Growth, 2018, 487: 87-91.

[87] HUANG Y L, YU Y M, TSUBOI T, et al. Novel yellow-emitting phosphors of Ca_5M_4 $(VO)_6$ (M = Mg, Zn) with isolated VO_4 tetrahedra [J]. Optics Express, 2012, 20: 4360-4368.

[88] SONG D, GUO C F, LI T. Luminescence of the self-activated vanadate phosphors $Na_2LnMg_2V_3O_{12}$ (Ln=Y, Gd) [J]. Ceramics International, 2015, 41: 6518-6524.

[89] WU L J, DAI P P, WEN D W. New structural design strategy: Optical center VO_4-activated broadband yellow phosphate phosphors for high-color-rendering [J]. ACS Sustainable Chemistry & Engineering, 2022, 10: 3757-3765.

[90] BHARAT L K, JEON S K, KRISHNA K G, et al. Rare-earth free self-luminescent $Ca_2KZn_2(VO_4)_3$ phosphors for intense white light-emitting diodes [J]. Scientific Reports, 2017, 7: 42348-42356.

[91] RONDE H, BLASSE G. The nature of the electronic transitions of the vanadate group [J]. Journal of Inorganic & Nuclear Chemistry, 1978, 40: 215-219.

[92] HUANG X Y, GUO H. Finding a novel highly efficient Mn^{4+}-activated $Ca_3La_2W_2O_{12}$ far-red emitting phosphor with excellent responsiveness to phytochrome P FR: Towards indoor plant cultivation application [J]. Dyes and Pigments, 2018, 152: 36-42.

[93] WANG S Y, SUN Q, DEVAKUMARB, et al. Novel high color-purity Eu^{3+}-activated $Ba_3Lu_4O_9$ red-emitting phosphors with high quantum efficiency and good thermal stability for warm white LEDs [J]. Journal of Luminescence, 2019, 209: 156-162.

[94] HUANG X Y, WANG S Y, RTIMI S, et al. $KCa_2Mg_2V_3O_{12}$: A novel efficient rare-earth-free self-activated yellow-emitting phosphor [J]. Journal of Photochemistry and Photobiology A: Chemistry, 2020, 401: 112765-1-112765-5.

[95] HUANG Y L, YU Y M, TSUBOI T, et al. Novel yellow-emitting phosphors of $Ca_5M_4(VO_4)_6$ (M=Mg, Zn) with isolated VO_4 tetrahedra [J]. Optical Express, 2012, 20: 4360-4368.

[96] QIAN T T, FAN B, WANG H L, et al. Structure and luminescence properties of yellow phosphor for white light emitting diodes [J]. Chemical Physics Letters, 2019, 715: 34-39.

[97] KIMURA H, NUMAZAWA T, SATO M, et al. Minimization of lattice parameter change in Czochralski grown $(Gd_{1-x}Y_x)_3Ga_5O_{12}$ garnet single crystal [J]. Journal of Crystal Growth, 1992, 119: 313-316.

[98] HE Y, ZHANG J, ZHOU W L, et al. Multicolor emission in a single-phase phosphor $Ca_3Al_2O_6$: Ce^{3+}, Li^+: luminescence and site occupancy [J]. Journal of the American Ceramic Society, 2014, 97 (5): 1517-1522.

[99] LV W Z, GUO N, JIA Y C, et al. A potential single-phased emission-tunable silicate phosphor $Ca_3Si_2O_7$: Ce^{3+}, Eu^{2+} excited by ultraviolet light for white light emitting diodes [J]. Optical Materials, 2013, 35 (5): 1013-1018.

[100] GAN L, MAO Z Y, ZHANG Y Q, et al. Effect of composition variation on phases and photoluminescence properties of β-SiAlON: Ce^{3+} phosphor [J]. Ceramics International, 2013, 39 (4): 4633-4637.

[101] SONG C, REN Q, MIAO J H, et al. Synthesis and luminescent properties of a novel red emitting $La_2Mo_3O_{12}$: Li^+, Eu^{3+} phosphor [J]. Journal of Materials Science: Materials in Electronics, 2018, 29: 10258-10263.

[102] ZHANG Y, GONG W T, YU J J, et al. Multi-color luminescence properties and energy transfer behaviors in host-sensitized $CaWO_4$: Tb^{3+}, Eu^{3+} phosphors [J]. RSC Advances, 2016, 6 (37): 30886-30894.

［103］KUANG S P, MENG Y, LIU J, et al. A new self- activated yellow-emitting phosphor $Zn_2V_2O_7$ for white LED［J］. Optik, 2013, 124（22）: 5517-5519.

［104］张晓明, 罗姣莲. $Zn_3V_2O_8$ 和 $Zn_2V_2O_7$ 的电子结构与光学性能的第一性原理研究［J］. 原子与分子物理学报, 2018, 35（5）: 839-844.

［105］LIU H, CUI Y. Microwave-assisted hydrothermal synthesis of hollow flower-like $Zn_2V_2O_7$ with enhanced cycling stability as electrode for lithium-ion batteries［J］. Materials Letters, 2018, 228: 369-371.

［106］DING Z X, WU W M, LIANG S J, et al. Selective-syntheses, characterization and photocatalytic activities of nanocrystalline $ZnTa_2O_6$ photocatalysts［J］. Materials Letters, 2011, 65（11）: 1598-1600.

［107］LI Y D,TENG Y F, ZHANG Z Q, et al. Microwave-assisted synthesis of novel nanostructured $Zn_3(OH)_2V_2O_7 \cdot 2H_2O$ and $Zn_2V_2O_7$ as electrode materials for supercapacitors［J］. New Journal of Chemistry, 2017, 41（24）: 15298-15304.

［108］DIAZ-ANICHTCHENKO D, SANTAMARIA-PEREZ D, MARQUEÑO T, et al. Comparative study of the high-pressure behavior of ZnV_2O_6, and $Zn_2V_2O_7$ and $Zn_3V_2O_8$［J］. Journal of Alloys Compound, 2020, 837: 155505-155516.

［109］RAMANATHAN G, CRISPIN C. Crystal structure of $Zn_2V_2O_7$［J］. Journal of Chemistry, 1973, 51（7）: 1004-1009.

［110］SIMON A, DRONSKOWSKI R, KREBS B, et al. Die kristallstruktur von Mn_2O_7［J］. Angewandte Chemie-International Edition, 1987, 99（2）: 160-161.

［111］姜洪泉, 王城英, 王鹏, 等. N 掺杂 TiO_2 纳米粉体的表面特性及可见光活性［J］. 材料科学与工程学报, 2011, 29（2）: 161-166.

［112］HUANG Y L, YU Y M, TSUBOI T J, et al. Novel yellow-emitting phosphors of $Ca_5M_4(VO_4)_6(M=Mg, Zn)$ with isolated VO_4 tetrahedra［J］. Optics Express, 2012, 20（4）: 4360-4368.

［113］LI Z W, ZHU G, LI S S, et al. Ultra-small Stokes shift induced thermal robust efficient blue-emitting alkaline phosphate phosphors for LWUV WLEDs［J］. Ceramics International, 2023, 49（13）: 21510-21520.

［114］LIU Z J, DONG Y J, FU M, et al. Highly efficient rare-earth free vanadate phosphors for WLEDs［J］. Dalton Transactions, 2023, 52（45）: 16819-16828.

［115］LI Z W, LI S S, XIN S Y, et al. A nitriding garnet structure cyan emitting phosphor $Ca_2(Y, Ce)Hf_2(Al, Si)_3(O, N)_{12}$ with high efficiency and excellent thermal stability［J］. Journal of Alloys and Compounds, 2023, 944: 169253.

［116］李晴, 王林香, 柏云凤, 等. Na^+, Dy^{3+}, Eu^{3+} 掺杂 YAG 荧光粉的光学性能［J］. 人工

晶体学报，2021，50（1）：43-52.

[117] 那英，陈巧玲，孙硕，等. $Ca_3(PO_4)_2$：Dy^{3+}纳米荧光粉的制备及发光性能研究［J］.
人工晶体学报，2018，47（7）：1335-1339.

[118] 唐菀涓，郭庆丰，苏科，等. 白磷钙石型荧光粉 $Ca_{1.8}Li_{0.6}La_{0.6-x}(PO_4)_2$：$xEu^{3+}$的合成、
结构及发光性能［J］. 人工晶体学报，2021，50（11）：2081-2085.

[119] LI J Z, MA Z D, WANG F, et al. Synthesis and mechanoluminescent properties of submicro-
sized $Y_3Al_5O_{12}$：Ce^{3+} particles［J］. Chemical Physics Letters, 2021, 775：138664.

[120] WU H Y, YANG C, ZHANG Z X, et al. Photoluminescence and thermoluminescence of Ce^{3+}
incorporated $Y_3Al_5O_{12}$ synthesized by rapid combustion［J］. Optik, 2016, 127（3）：
1368-1371.

[121] LV L, HE J S, XIAO Q, et al. Synthesis and optical properties of $Y_3Al_5O_{12}$：Ce^{3+}，Cr^{3+}
nano-phosphor for white LED［J］. Ceramics International, 2023, 49（17）：28457-28464.

[122] SHAO B H, WANG C. $BaCa_{13}Mg_2(SiO_4)_8$：Ce^{3+}—A blue phosphor with high brightness,
high internal quantum efficiency and excellent thermal stability for W-LEDs［J］. Ceramics
International, 2023, 49（11）：19301-19308.

[123] NIU Z, LI Q L, YU B C, et al. $Na_{1.5}Y_{2.5}F_9$：Ce^{3+}，Tb^{3+}，Eu^{3+} glass-ceramics for white
light［J］. Ceramics International, 2023, 49（8）：12540-12550.

[124] ZHANG X G, ZHANG J L, CHEN Y B. Broadband-excited and efficient blue/green/red-
emitting $Ba_2Y_5B_5O_{17}$：Ce^{3+}，Tb^{3+}，Eu^{3+} phosphors Tb^{3+}-bridged Ce^{3+}-Eu^{3+} energy transfer
［J］. Dyes and Pigments, 2018, 149：696-706.

[125] SHI R, LIU G K, LIANG H B, et al. Consequences of ET and MMCT on luminescence of
Ce^{3+}-Eu^{3+}-, and Tb^{3+}- doped $LiYSiO_4$［J］. Inorganic Chemistry, 2016, 55（15）：
7777-7786.

[126] MIN X, HUANG Z H, FANG M H, et al. Luminescence properties of self-activated
$M_3(VO_4)_2$（M= Mg, Ca, Sr, and Ba）phosphors synthesized by solid-state reaction method
［J］. Journal of Nanoscience and Nanotechnology, 2016, 16（4）：3684-3689.

[127] ZHANG X G, GUAN A X, ZHOU L Y, et al. Synthesis and luminescence study of $Zn_3V_2O_8$：
Bi^{3+} yellow phosphor for solar spectral conversion［J］. International Journal of Applied
Ceramic Technology, 2016, 14（3）：392-398.

[128] CHEN H D, ZHOU J C, ZHANG H Q, et al. Broad-band emission and color tuning of Eu^{3+}-
doped $LiCa_2SrMgV_3O_{12}$ phosphors for warm white light-emitting diodes［J］. Optical Materials,
2019, 89：132-137.

[129] 董玉娟，邵渤淮，杨斯涵，等. Ta^{5+}掺杂对 $Zn_2V_2O_7$ 荧光材料荧光性能的改性研究

[J]. 渤海大学学报，2023，44（1）：38-44.

[130] CUI Z G, JIA G H, DENG D G, et al. Synthesis and luminescence properties of glass ceramics containing $MSiO_3$：Eu^{2+}（M＝Ca，Sr，Ba）phosphors for white LED［J］. Journal of Luminescence, 2012, 132（1）：153-160.

[131] LIU L J, YOU P L, YIN G F, et al. Preparation and photoluminescence properties of the Eu^{2+}，Sm^{3+} co-doped Li_2SrSiO_4 phosphors［J］. Current Applied Physics, 2012 12（4）：1045-1051.

[132] YU R J, GUO Y, WANG L L, et al. Characterizations and optical properties of orange-red emitting Sm^{3+}-doped Y_6WO_{12} phosphors［J］. Journal of Luminescence, 2014, 155：317-321.

[133] ZHOU Z, WANG N F, ZHOU N, et al. High color purity single-phased full color emitting white LED phosphor $Sr_2V_2O_7$：Eu^{3+}［J］. Journal of physics D：Applied Physics, 2013, 46（3）：35104. 1-35104. 6.

[134] WANG S Q, WANG T, YU X, et al. Tailored luminescence output of Bi^{3+}-doped $BaGa_2O_4$ phosphors with the assistance of the introduction of Sr^{2+} ions as secondary cations［J］. Inorganic Chemistry, 2021, 60（18）：14467-14474.

[135] PIMPUTKARS, SPECK J S, DENBAARS S P, et al. Prospects for LED lighting［J］. Nature Photonics, 2009, 3：180-182.

[136] LINC C, LIU R S. Advances in phosphors for light-emitting diodes［J］. The Journal of Physical Chemistry Letters, 2011, 2（11）：1268-1277.

[137] CETIN S. Production of sintered glass-ceramic composites from low-cost materials［J］. Ceramic International, 2023, 49（17）：28544-28545.

[138] MAO Z Y, ZHU Y C, WANG Y, et al. Ca_2SiO_4：Ln（Ln＝Ce^{3+}，Eu^{2+}，Sm^{3+}）tricolor emission phosphors and their application for near-UV white light-emitting diode［J］. Journal of Materials Science, 2014, 49：4439-4444.

[139] COSTA G C C, JACOBSON N S. Mass spectrometric measurements of the silica activity in the Yb_2O_3-SiO_2 system and implications to assess the degradation of silicate-based coatings in combustion environments［J］. Journal of the European Ceramic Society, 2018, 35（9）：4259-4267.

[140] HUANG B T, MA Y Q, QIAN S B, et al. Luminescent properties of low-temperature-hydrothermally-synthesized and post-treated YAG：Ce(5%)phosphors［J］. Optical Materials, 2014, 36（9）：1561-1565.

[141] XIE F, ZHANG T A, DREISINGER D. A critical review on solvent extraction of rare earths

from aqueous solutions [J]. Minerals Engineering, 2014, 56: 10-28.

[142] DING X, ZHU G, GENG W Y, et al. Rare-earth-free high-efficiency narrow-band red-emitting $Mg_3Ga_2GeO_8$: Mn^{4+} phosphor excited by near-UV light for white-light-emitting diodes [J]. Inorganic Chemistry, 2016, 55 (1): 154-162.

[143] BLASSE G, BRIXNER L H. Ultraviolet emission from ABO_4-type niobates, tantalates and tungstates [J]. Chemical Physics Letters, 1990, 173 (5): 409-411.

[144] BLASSEG, DIRKSEN G J. Luminescence and energy transfer in bismuth tungstate $Bi_2W_2O_9$ [J]. Physica Status Solidi A, 1980, 57 (1): 229-233.

[145] PEI Z, VAN DIJKEN A, CINK A, et al. ChemInform abstract: Luminescence of calcium bismuth vanadate ($CaBiVO_5$) [J]. Journal of Alloys and Compounds, 1994, 25 (25): 243-246.

[146] ROBINA A, ZANIB S, TARIQ M, et al. DFT based investigation of $BAWO_4$: Electronic and optical properties [J]. Physica, B. Condensed Matter, 2021, 621 (5): 413309.

[147] HARANNTH D, MISHRA S, YADAV S, et al. Rare-earth free yellow-green emitting $NaZnPO_4$: Mn phosphor for lighting applications [J]. Applied Physics Letters, 2012, 101 (22): 221905. 1-221905. 5.

[148] ZHU H M, LIN C C, LUO W Q, et al. Highly efficient non-rare-earth red emitting phosphor for warm white light-emitting diodes [J]. Nature Communication, 2014, 5: 4312.

[149] POLIKARPOV E, CATALINI D, PADMAPERUMA A, et al. A high efficiency rare earth-free orange emitting phosphor [J]. Optical Materials, 2015, 46 (8): 614-618.

[150] CHEN D Q, ZHOU Y, XU W, et al. Enhanced luminescence of Mn^{4+}: $Y_3Al_5O_{12}$ red phosphor via impurity doping [J]. Journal of Materials Chemistry C, 2016, 4: 1704-1712.

[151] CHEN D Q, ZHOU Y, XU W, et al. A review on Mn^{4+} activators in solids for warm white light-emitting diodes [J]. RSC Advances, 2016, 6 (89): 86285-86296.

[152] VANHEUSDEN K, SEAGER C H, WARREN W L, et al. Correlation between photoluminescence and oxygen vacancies in ZnO phosphors [J]. Applied Physics Letters, 1996, 68 (3): 403-405.

[153] HAWTHORNE F C. The crystal chemistry of the M^+VO_3(M^+ = Li, Na, K, NH_4, Tl, Rb and Cs) pyroxenes [J]. Journal of solid State Chemistry, 1977, 22 (2): 157-170.

[154] AZKARGORTA J, BETTINELLI M, IPARRAGUIRRE I, et al. Random lasing in Nd: $LuVO_4$ crystal powder [J]. Optis Express, 2011, 19 (20): 19591-19599.

[155] GUNDIAH G, SHIMOMURA Y, KIJIMA N, et al. Novel red phosphors based on vanadate garnets for solid state lighting applications [J] Chemical Physics Letters, 2008, 455 (4/5/6): 279-283.

[156] DHOBALE A R, MOHAPATRA M, NATARAJAN V, et al. Synthesis and photoluminescence investigation of the white light emitting phosphor, vanadate garnet, $Ca_2NaMg_2V_3O_{12}$ co-doped with Dy and Sm [J]. Journal of Luminescence: An interdisciplinary journal of Research on Excited State Processes in Condensed Matter, 2012, 132 (2): 293-298.

[157] NIE X, WULAYIN W, SONG T, et al. Photoluminescence enhancement of self-activated vanadate $NaMg_4(VO_4)_3$ by cation substitutions [J]. Materials Letters, 2016, 185 (15): 588-592.

[158] RONDE H, BLASSE G. The nature of the electronic transitions of the vanadate group [J]. Journal of Inorganic and Nuclear Chemistry, 1978, 9 (20): 215-219.

[159] ZHOU J, HUANG F, XU J, et al. Luminescence study of a self-activated and rare earth activated $Sr_3La(VO_4)_3$ phosphor potentially applicable in W-LEDs [J]. Journal of Materials Chemistry C, 2015, 3: 3023-3028.

[160] NAKAJIMA T, ISOBE M, TSUCHIYA T, et al. Correlation between luminescence quantum efficiency and structural properties of vanadate phosphors with chained, dimerized, and isolated VO_4 tetrahedra [J]. The Journal of Physical Chemistry C, 2010, 114 (11): 5160-5167.

[161] HUANG Y, YU Y M, TSUBOI T, et al. Novel yellow-emitting phosphors of $Ca_5M_4(VO_4)_6$ (M=Mg,Zn) with isolated VO_4 tetrahedra [J]. Optics Express, 2012, 20 (4): 4360-4368.

[162] MI L Q, HUANG Y L, CAO L, et al. Modified optical properties via induced cation disorder in self-activated $NaMg_2V_3O_{10}$ [J]. Dalton Transactions, 2018, 47: 4368-4376.

[163] BANERJEE S, TYAGI A, GARG A B. Pressure-induced monoclinic to tetragonal phase transition in $RTaO_4$ (R=Nd, Sm): DFT-based first principles studies [J]. Crystals, 2023, 13 (2): 254.

[164] SETLUR A A, COMANZO H A, SRIVASTAVA A M, et al. Spectroscopic evaluation of a white light phosphor for UV-LEDs-$Ca_2NaMg_2V_3O_{12}$: Eu^{3+} [J]. Journal of The Electrochemical Society, 2005, 152 (12): H205-H208.

[165] BAYER G. Vanadates $A_3B_2V_3O_{12}$ with garnet structure [J]. Journal of the American Ceramic Society, 1965, 48 (11): 600.

[166] PU Y F, HUANG Y L, TSUBOI T, et al. An efficient yellow-emitting vanadate $Cs_5V_3O_{10}$ under UV light and X-ray excitation [J]. Materials Letters, 2015, 149 (15): 89-91.

[167] MA X X, WANG C Q, LV Q Y, et al. A bright orange-red emitting phosphor $Ba_9La_2W_4O_{24}$: Eu^{3+} with double perovskite structure and abnormal thermal quenching behavior [J]. New

Journal of Chemistry, 2023, 47 (19): 9335-9345.

[168] VAN UITERTL G. Characterization of energy transfer interactions between rare earth ions [J]. Journal of the Electrochemical Society, 1967, 114 (10): 1048-1053.

[169] LV Q Y, WANG C, CHEN S L, et al. Ultrasensitive pressure-induced optical materials: Europium-doped hafnium silicates with a khibinskite structure for optical pressure sensors and WLEDs [J]. Inorganic Chemistry, 2022, 61 (7): 3212-3222.

[170] LIU Z C, ZHAO L, CHEN W B, et al. Multiple anti-counterfeiting realized in $NaBaScSi_2O_7$ with a single activator of Eu^{2+} [J]. Journal of Materials Chemistry C, 2018, 6 (41): 11137-11143.

[171] LI Z Y, YU X, WANG T, et al. Highly sensitive optical thermometer of Sm^{3+}, Mn^{4+} activated $LaGaO_3$ phosphor for the regulated thermal behavior [J]. Journal of the American Ceramic Society, 2022, 105 (4): 2804-2812.

[172] 曹龙菲. 稀土掺杂 (Lu/Y) VO_4 材料发光性质及温度传感特性研究 [D]. 长春: 长春理工大学, 2022.

[173] ZHANG N, LI J, WANG J, et al. A vanadate-based white light emitting luminescent material for temperature sensing [J]. RSC Advances, 2019, 9 (52): 30045-30051.

[174] 陈健全. 石榴石型钒酸盐荧光粉的发光与温度传感性能研究 [D]. 金华: 浙江师范大学, 2023.

[175] AIA M A. Structure and luminescence of the phosphate-vanadates of yttrium, gadolinium, lutetium, and lanthanum [J]. Journal of The Electrochemical Society, 1967, 114 (4): 367.

[176] HUIHNARD A, BUISSETTE V, FRANVILLE A C, et al. Emission processes in YVO_4: Eu nanoparticles [J]. The Journal of Physical Chemistry B, 2003, 107 (28): 6754-6759.

[177] XIA Z, CHEN D, YANG M, et al. Synthesis and luminescence properties of YVO_4: Eu^{3+}, Bi^{3+} phosphor with enhanced photoluminescence by Bi^{3+} doping [J]. Journal of Physics Chemistry of Solids, 2010, 71 (3): 175-180.

[178] DU P, YU J S. Self-activated multicolor emissions in $Ca_2NaZn_2(VO_4)_3$: Eu^{3+} phosphors for simultaneous warm white light-emitting diodes and safety sign [J]. Dyes Pigments, 2017, 147: 16-23.

[179] HUSSAIN S K, GIANG T T H, YU J S. UV excitation band induced novel $Na_3Gd(VO_4)_2$: RE^{3+} (RE^{3+} = Eu^{3+} or Dy^{3+} or Sm^{3+}) double vanadate phosphors for solid-state lightning applications [J]. Journal of Alloys Compounds, 2018, 739: 218-226.

[180] KAUR H, JAYASIMHADRI M. Color tunable photoluminescence properties in Eu^{3+} doped

calcium bismuth vanadate phosphors for luminescent devices [J]. Ceramics International, 2019, 45 (12): 15385-15393.

[181] DALAI H, KUMAR M, DEVI S, et al. Combustion synthesis and study of double charge transfer in highly efficient cool white-emitting Dy^{3+} activated vanadate-based nanophosphor for advanced solid-state lighting [J]. Journal of Fluorescence, 2023, 33 (2): 497-508.

[182] LLOYL J. Synchronized excitation of fluorescence emission spectra [J]. Nature Physical Science, 1971, 231 (20): 64-65.

[183] MÄNTELE W, DENIZ EJSAPA M. Spectroscopy B. UV-VIS absorption spectroscopy: Lambert-Beer reloaded: Elsevier, 2017, 173 (15): 965-968.

[184] MA Y L, ZHANG L, ZHOU T Y, et al. Dual effect synergistically triggered Ce: (Y, Tb)$_3$(Al, Mn)$_5$O$_{12}$ transparent ceramics enabling a high color-rendering index and excellent thermal stability for white LEDs [J]. Journal of the European Ceramic Society, 2021, 41 (4): 2834-2846.

[185] LI K, LIAN H Z, VAN D R, et al. A novel deep red-emitting phospher $KMgLaTeO_6$: Mn^{4+} with high thermal stability and quantum yield for WLEDs: Structure, site occupancy and photoluminescence properties [J]. Dalton Transactions, 2018, 47 (8): 2501-2505.

[186] 徐畦原. 稀土掺杂磷酸盐荧光材料的制备与发光性能研究 [D]. 长春: 长春理工大学, 2022.

[187] YANG J F, WANG X X, SONG L N, et al. Tunable luminescence and energy transfer properties of GdPO$_4$: Tb^{3+}, Eu^{3+} nanocrystals for warm white LEDs [J]. Optical Materials, 2018, 85: 71-78.